Die französische Originalausgabe erschien erstmals 2006 unter dem Titel
»Quand la terre se déchaine« bei Éditions Milan.
www.editionsmilan.com

Aus dem Französischen von Nadine Scherr

Anschrift: Postfach 10 03 25, 73703 Esslingen
www.esslinger-verlag.de

ISBN 978-3-480-22362-6

Azar Khalatbari

Mächtige Naturgewalten

Illustrationen von Corine Delétraz

Erinnerst
du dich noch an früher?
An die Zeit als du klein warst? Sicher hast du noch einige Fotos, die deine Eltern von dir gemacht haben. Seitdem hast du dich sehr verändert – du bist gewachsen und siehst heute ganz anders aus. Währenddessen sind die Wiesen und Felder, die du kennst, die Berge und ihre Gipfel, die Klippen an der Meeresküste und die Flüsse in den Tälern unverändert geblieben …
Heißt das also, dass die Erde immer gleich bleibt, ohne sich zu verändern? Auf diese Frage antworten die Wissenschaftler mit »Nein!« Die Erde ist ein aktiver Planet: Sie verändert sich – aber sehr langsam. So verschieben sich zum Beispiel die Kontinente jedes Jahr um ein paar Zentimeter … Das Ergebnis: In einem Jahrhundert werden sie kaum einen Meter zurückgelegt haben. Das ist so wenig, dass man es ohne hoch entwickelte Messgeräte gar nicht bemerken würde.
Doch manchmal kommt es vor, dass sich eine Landschaft auf der Erdoberfläche ganz plötzlich und schnell verändert: Innerhalb weniger Sekunden wird ein ganzes Dorf zerstört, ein Fluss ändert seinen Lauf oder eine Landschaft wird von einem tiefen Riss gespalten. Die gewaltigen Ereignisse, die zu diesen plötzlichen Veränderungen führen, sind Naturkatastrophen. Leider gibt es bei ihnen oft viele Tote und Verletzte … Doch sie sind auch der Beweis dafür, dass unser Planet aktiv ist. Auf einem Planeten, der keine innere Aktivität besitzt, kann sich dauerhaft kein Leben entwickeln. In gewisser Weise zeigen diese Erdbewegungen also, dass unser Planet lebt …

INHALT

ERDBEBEN

Auf der Erdoberfläche kann sich das Leben manchmal schlagartig ändern. Innerhalb weniger Sekunden sieht eine Landschaft plötzlich völlig anders aus: eine ganze Stadt verschwindet von der Landkarte, menschliche Konstruktionen wie Brücken oder Autobahnen brechen auseinander.
Die gewaltigen Kräfte, die diese Zerstörungen verursachen, kommen aus dem Innern der Erde. Sie sind so stark, dass bei einem Erdbeben die Erdoberfläche regelrecht auseinanderbricht.

Gewaltige Kräfte

Jedes Jahr werden einige Regionen der Erde von heftigen Erdbeben erschüttert. Um diese Naturkräfte erforschen zu können, muss man die Energie messen, die bei einem Erdbeben freigesetzt wird.

2005 zerstörte ein Erdbeben in Pakistan viele Häuser in abgelegenen Bergdörfern, die von den Hilfskräften nur schwer zu erreichen waren.

Ein verheerendes Ereignis

Am 8. Oktober 2005 morgens um 8:50 Uhr änderte sich im Norden Pakistans, nah der indischen Grenze, innerhalb weniger Sekunden das Leben von hunderttausenden Menschen: Ein Erdbeben erschütterte die indische Stadt Srinagar. Viele Dörfer wurden vollkommen zerstört. Die Erschütterungen waren sogar noch im hundert Kilometer entfernten Islamabad zu spüren. Nach Berichten von Augenzeugen wackelten die Mauern der Gebäude eine ganze Minute lang! Diese Katastrophe, die nur wenige Minuten dauerte, kostete über 70 000 Menschen das Leben; ebenso viele wurden verletzt. Die Energie, die in dieser kurzen Zeit freigesetzt wurde, war gewaltig.

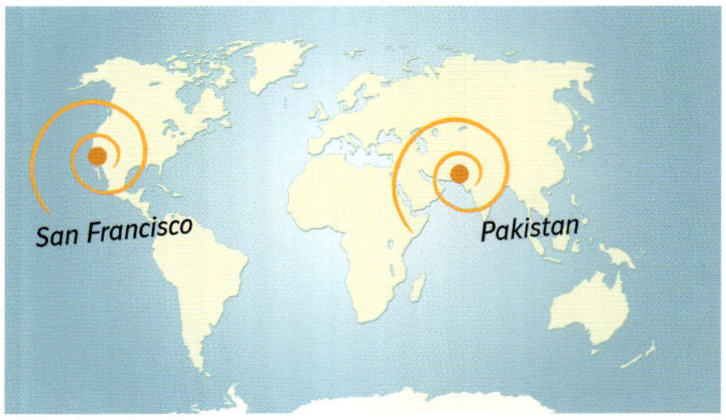

Eines der bekanntesten Erdbeben der Geschichte erschütterte am 18. April 1906 morgens um 5:35 Uhr die Stadt San Francisco an der Westküste der USA. Mit seiner Stärke von 8,5 auf der Richter-Skala war es eines der schwersten Erdbeben überhaupt. Damals und auch heute noch werden die meisten Häuser in San Francisco aus Holz gebaut. Sie hielten dem schweren Erdbeben zwar stand, doch durch die Erschütterungen entstanden Risse in den Gasleitungen, die verheerende Brände auslösten.

MSK-Skala

VIELE ERDBEBEN

Im vergangenen Jahrhundert wurden die Mongolei, Tibet, Alaska, Kalifornien, Japan und Chile mehrere Male von schweren Erdbeben erschüttert. In Deutschland sind vor allem der Alpennordrand und der Oberrheingraben Erdbebengebiete. Doch wenn hier die Erde bebt, wird dies meist nur von Messgeräten registriert. Die Wahrscheinlichkeit für ein starkes Erdbeben ist in Deutschland äußerst gering.

Wie man Erdbeben misst

Um verschiedene Erdbeben miteinander vergleichen zu können, muss man die bei ihnen freigesetzte Energie messen. Die Messtechnik basiert auf einer ganz einfachen Idee: Je mehr die Erde gebebt hat, desto stärker war das Erdbeben. Die Erderschütterungen werden von sogenannten Seismometern aufgezeichnet. Ganz einfach erklärt besteht ein Seismometer aus einem schweren Gewicht, das an einem mit dem Erdboden verbundenen Gestell hängt. An dem Gewicht ist ein Stift befestigt, dessen Spitze eine Papierrolle berührt. Wenn der Erdboden bebt, bewegt sich das Gestell – der Stift zeichnet dadurch unterschiedlich große Zickzack-Linien auf das Papier. Geophysiker werten diese Linien aus und können so die Stärke eines Erdbebens bestimmen. Die Stärke beschreibt die nach der Richter-Skala freigesetzte Energie.

XII Veränderung ganzer Landschaften: Städte werden völlig zerstört, Flussläufe verändern sich.

XI Selbst die stabilsten Bauwerke stürzen ein; große Straßen werden unbenutzbar.

X Brücken und Deiche werden zerstört; Eisenbahnschienen verbiegen sich.

IX Häuser stürzen ein; unterirdische Rohrleitungen zerbrechen.

VIII Schornsteine stürzen von Hausdächern.

VII Risse in Gebäuden; Menschen haben Schwierigkeiten, aufrecht zu stehen.

VI Möbelstücke verrücken.

V Schlafende erwachen; Tiere sind verängstigt; offene Türen und Fenster schlagen auf und zu.

IV Erschütterungen wie beim Vorbeifahren eines großen Lastwagens.

III Erschütterungen wie beim Vorbeifahren eines kleineren Lastwagens; hängende Gegenstände pendeln leicht hin und her.

II Sehr leichte Erschütterungen; wird nur von wenigen ruhenden Menschen gespürt.

I Von Menschen nicht wahrnehmbar; wird nur von Messgeräten registriert.

Die MSK-Skala

Die Skala nach Richter basiert auf messbaren Größen und einer einfachen Idee: Je mehr Schäden entstanden sind, umso mehr Energie wurde durch das Erdbeben freigesetzt. Es gibt aber auch die MSK-Skala, die nach ihren Erfindern Medvedev, Sponheuer und Karnik benannt ist. Sie basiert auf den fühlbaren Folgen eines Bebens und erweist sich deshalb oft als ungeeignet – z.B. in unbewohnten Regionen.

Ein riesiges Puzzle

Bei einem Erdbeben kann sich der Boden unter unseren Füßen innerhalb weniger Sekunden um mehrere Meter verschieben. Durch die freigesetzte Energie können Gebäude einstürzen, Brücken einknicken und Wasserrohre bersten. Diese enorme Energie entsteht im Innern der Erde.

Die Lithosphäre, eine starre Platte

Die Lithosphäre, die äußerste Schicht unserer Erde, ist im Durchschnitt etwa 100 Kilometer dick und besteht aus festem Gestein. Pausenlos wird sie gedehnt oder zusammengedrückt. Ist sie dabei zu großer Spannung ausgesetzt, reißt sie auf. Unter der Lithosphäre befindet sich eine sehr heiße, zähflüssige Gesteinsmasse. Durch die Hitze im Innern der Erde verformt sie sich ganz langsam – wie ein Teig, den man knetet.

Ein Puzzle in Bewegung

Geophysiker haben erst vor etwa 50 Jahren herausgefunden, was hinter dem Dehnen und Zusammendrücken der Lithosphäre steckt: die Tektonik, meist als „Plattentektonik“ bezeichnet. Die Lithosphäre besteht aus mehreren Platten. Sie gleicht einem Puzzle mit etwa zehn ineinander passenden Teilen ... mit dem Unterschied, dass die Teile in diesem riesigen Puzzle ständig in Bewegung sind. Die tektonischen Kräfte schieben z.B. eine Platte nach Norden und eine andere nach Süden. Manchmal driften zwei vorher dicht beieinander liegende Platten auseinander, und in dem Freiraum zwischen ihnen bildet sich neue Erdkruste. Oder eine Platte schiebt sich unter eine andere und versinkt langsam im Erdinnern. All dies geschieht natürlich ganz langsam: Pro Jahr verschieben sich die mehrere tausend Kilometer großen Platten höchstens um wenige Zentimeter. Innerhalb eines Jahres verändert sich also kaum etwas; wenn sich diese Spannungen jedoch über mehrere Jahre hinweg aufbauen, kann es passieren, dass sich die Platten plötzlich ruckartig bewegen – das ist dann ein Erdbeben.

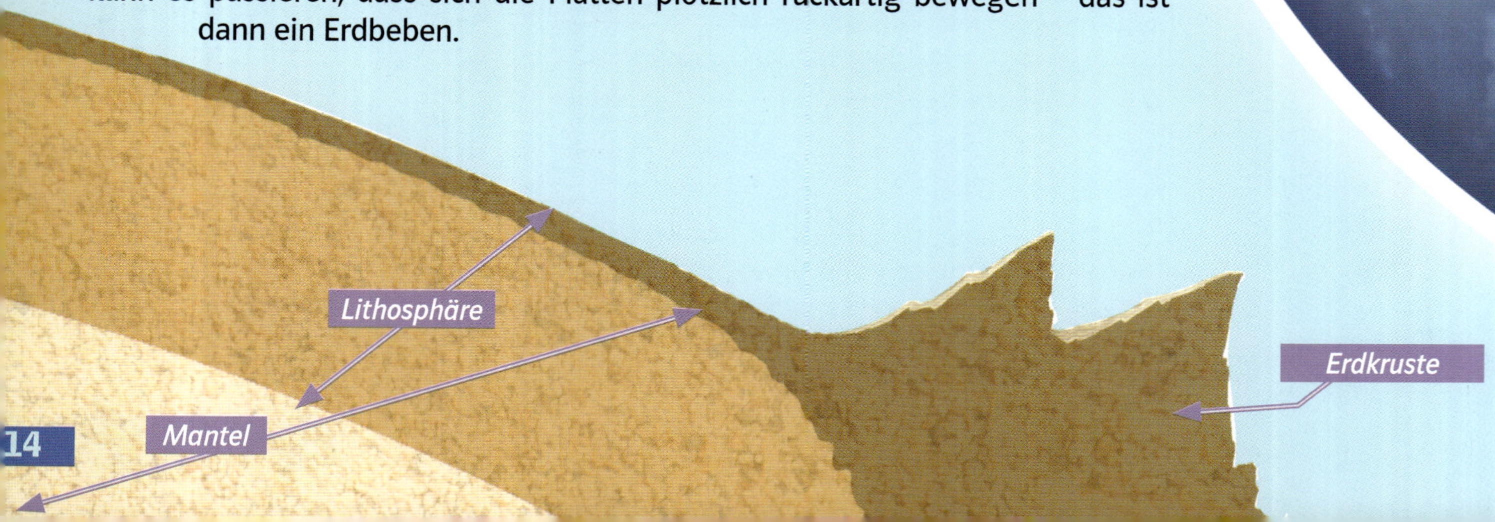

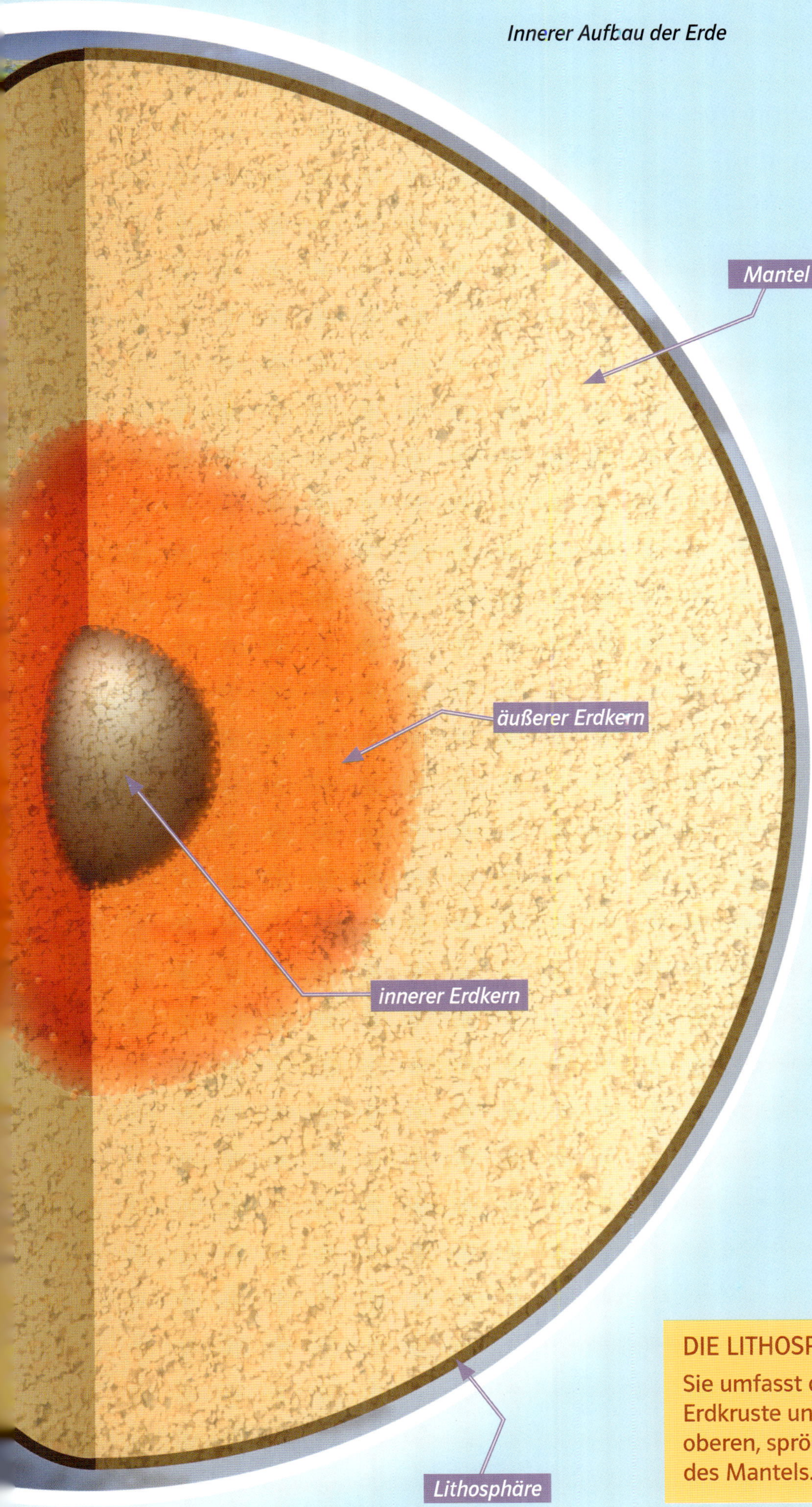

DIE LITHOSPHÄRE

Sie umfasst die Erdkruste und den oberen, spröden Teil des Mantels.

DER SAN-ANDREAS-GRABEN

Eine Bruchstelle in der Lithosphäre bezeichnet man als Verwerfung oder Graben. Die bekannteste Verwerfung der Welt ist der San-Andreas-Graben an der Westküste der USA in Kalifornien – er ist über 1000 Kilometer lang.

ERDBEBENREGIONEN

Erdbeben treten nicht überall auf der Welt in gleichem Maße auf. In einigen Ländern sind schwere Erdbeben nichts Ungewöhnliches, in anderen gibt es nur sehr schwache Erdbeben, die kaum spürbar sind.

Risikogebiete

In Japan lernen schon die Schulkinder mit dem Risiko zu leben, dass jederzeit ein Erdbeben auftreten kann. In den Schulen liegen für alle Kinder Schutzhelme bereit. Wenn die Sirene ertönt, setzen alle ihre Helme auf und suchen Schutz unter den Tischen. Japan ist ein Risikogebiet: Auf der Inselgruppe gibt es sehr häufig Erdbeben, aber zum Glück richten die meisten von ihnen keine großen Schäden an.

Nicht alle Regionen unserer Erde sind gleichermaßen von Erdbeben betroffen. In Pakistan haben manche Kinder schon mehrere Male erlebt, wie ihr Haus zerstört und wieder aufgebaut wurde. Kinder in Berlin dagegen kennen diese Situation nicht, da Berlin keine erdbebengefährdete Region ist.

Von diesem Wohnviertel der Stadt Kobe in Japan waren nach dem Erdbeben im Jahr 1995 nur noch Trümmer und Ruinen übrig geblieben. Die verzweifelten Bewohner durchsuchten sie in der Hoffnung, persönliche Besitztümer wiederzufinden.

ERDBEBENREGIONEN

Am häufigsten treten Erdbeben in Gebirgszonen, in vulkanreichen Gegenden oder an den Rändern der tektonischen Platten auf.

Erdbeben in der Vergangenheit

Wissenschaftler haben versucht herauszufinden, wann es in welchen Regionen der Erde bisher zu Erdbeben gekommen ist. Sie haben sich mit den ältesten Einwohnern der Regionen unterhalten, die Archive von Städten und Dörfern durchforstet, und die Landschaft genau beobachtet. Dadurch gelang es ihnen, eine Liste der Erdbeben der letzten hundert Jahre zu erstellen. Zeichnet man für jedes Erdbeben, das im letzten Jahrhundert stattfand, einen roten Punkt auf der Weltkarte ein, erhält man ein interessantes Bild. Eines ist sicher: Die vielen roten Pünktchen liegen nicht zufällig so verstreut – sie scheinen ganz bestimmte Linien nachzuzeichnen.

Die Erdbebenkarte

Entlang einer Linie, die mitten durch den Atlantischen Ozean verläuft, häufen sich die roten Punkte; ebenso entlang noch relativ junger Gebirgsketten. Sehr viele Punkte liegen an dem Gebirgszug, der sich im Norden von China erstreckt und dann weiterverläuft durch Tibet, den Norden Indiens, durch Pakistan und Afghanistan, den nördlichen Iran bis in die Türkei. Und auch um den Pazifischen Ozean herum befindet sich eine Anhäufung von roten Punkten. Geographen haben dieser Linie den Namen „Pazifischer Feuerring" gegeben. Der Grund: Der Pazifik, der größte Ozean der Erde, ist von einem Vulkangürtel umgeben. Und noch etwas Merkwürdiges ist auf der Erdbebenkarte zu sehen: Mehrere rote Punkte befinden sich mitten im Pazifik, z.B. dort, wo die Vulkaninseln von Hawaii sind.

Die historische Zitadelle der Stadt Bam im Iran vor und nach dem Erdbeben im Jahr 2003. Die Region ist ein aktives Erdbebengebiet.

Die tektonischen Platten

Die Erdoberfläche gleicht einem riesigen Puzzle, dessen Teile ständig gegeneinander drücken und schieben. Diese Puzzleteile nennt man tektonische Platten.

MITTELOZEANISCHE RÜCKEN

Mittelozeanische Rücken sind Vulkanketten, die mitten im Ozean auf dem Meeresgrund verlaufen. Diese Vulkane brechen ständig aus. Da die austretende Lava sofort mit dem Meerwasser in Berührung kommt, kühlt sie sehr schnell ab. Auf diese Weise bildet sich immer wieder neuer Meeresboden.

SUBDUKTIONSZONEN

Die Grenze zwischen einer ozeanischen Platte und einer kontinentalen Platte heißt Subduktionszone. Die ozeanische Platte ist schwerer und schiebt sich unter die kontinentale Platte. Durch die so entstehende Reibung schmilzt das Gestein und es bildet sich ein Vulkan.

KOLLISIONSZONEN

Die Grenze zwischen zwei kontinentalen Platten, die sich aufeinander zu bewegen, nennt man Kollisionszone. Stoßen die Platten zusammen, falten sich ihre Ränder übereinander – es entsteht ein Gebirge.

TRANSFORMVERWERFUNGEN

Eine Verwerfung bildet sich dort, wo sich zwei Platten aneinander vorbei bewegen. In diesen Gebieten verschwindet nichts und es entsteht auch nichts Neues. Allerdings gleiten diese beiden Platten nicht immer sanft aneinander vorbei, sondern bewegen sich manchmal ruckartig – dann bebt die Erde. Bei jedem Erdbeben verschieben sich die Platten um ein kleines Stück.

Die Plattengrenzen

Weltenbummler besteigen Berge, überqueren die Weltmeere und bereisen die verschiedenen Kontinente. Doch eines bekommen sie nie zu Gesicht: die Grenzen der tektonischen Platten.

Grenzen unter Wasser

Eine Grenze zwischen zwei tektonischen Platten ist nicht so leicht zu finden wie die zwischen zwei benachbarten Ländern. Es gibt zum Beispiel Plattengrenzen, die mitten durch einen Ozean verlaufen. Doch wie kann man sich eine Grenze auf dem Meeresgrund vorstellen? Geophysiker haben nach langem Forschen herausgefunden, dass es auf dem Meeresboden Ketten kleiner Vulkane gibt, die heiße Lava (1.320 °C) ausstoßen. Die Lava erstarrt sofort, wenn sie mit dem Wasser in Berührung kommt. Das liegt daran, dass die Wassertemperatur unten am Meeresgrund nur etwa 4 °C beträgt. Die Lava erkaltet, wird fest und bildet neuen Meeresboden – so entsteht eine Art Gebirge auf dem Meeresgrund. Diese untermeerischen Gebirgszüge heißen Mittelozeanische Rücken.

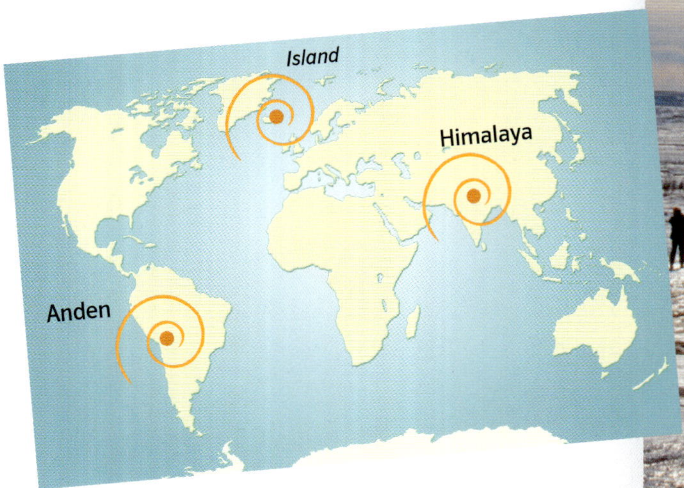

Mittelozeanische Rücken bilden sich aus untermeerischen Vulkanketten, die man nur von einem Tiefsee-U-Boot aus sehen kann. Island ist der einzige Ort, an dem sie auch an der Meeresoberfläche sichtbar sind (hier im Bild ein Geysir, eine heiße Wasserquelle. Geysire gibt es nur dort, wo ein sehr hoher unterirdischer Wasserdampfdruck herrscht).

Die Vulkane in den Anden entstanden, weil sich die Platte des Pazifischen Ozeans jedes Jahr etwa zehn Zentimeter tiefer unter Südamerika schiebt. Durch dieses Eintauchen in den Erdmantel entsteht ein großer Druck und viel Reibung – und schließlich bilden sich Vulkane.

GEBIRGE ENTSTEHEN

Entlang der Mittelozeanischen Rücken bildet sich ständig neuer Meeresboden. In den Subduktionszonen verschwindet der alte Boden. Man kann sich das in etwa so vorstellen, als ob es auf dem Meeresgrund einen Teppich gäbe, der sich ständig vorwärts bewegt und dadurch den Meeresboden von den Mittelozeanischen Rücken in Richtung der Subduktionszonen schiebt.

Bei zwei kontinentalen Platten, die sich aufeinander zubewegen, sieht das Ergebnis ganz anders aus. Da keine der beiden Platten schwerer ist als die andere, falten sich ihre Ränder übereinander, wenn sie zusammenstoßen. An diesen Stellen entstehen Erhebungen auf der Erdoberfläche – es bilden sich Gebirge. Durch die Kollision zwischen Asien und Indien entstand der Himalaya, der Zusammenstoß zwischen Afrika und Europa führte zur Bildung der Alpen. In Gebirgsketten gibt es häufig Erdbeben.

Wird die Erde größer?

Wenn sich ständig neuer Meeresboden bildet, müsste die Erde doch eigentlich immer größer werden, denn die Kontinente schrumpfen ja nicht ... oder an einer anderen Stelle auf der Erde müsste der Meeresboden verschwinden ...

Um dieses Rätsel zu lösen, muss man sich anschauen, was unter den kontinentalen Vulkanen geschieht, zum Beispiel unter denen rings um Südamerika. Hier schiebt sich der Meeresboden langsam unter den Kontinent. Doch was passiert, wenn eine ozeanische Platte und eine kontinentale Platte aufeinander treffen? Die kontinentale Platte schwimmt weiter, während die schwerere ozeanische Platte in den Erdmantel eintaucht und unter den Kontinenten verschwindet. Der in der Erdkruste so entstehende Druck und die starken Reibungen erzeugen eine große Hitze. Diese bringt das Gestein zum Schmelzen, es bildet sich Lava. Deshalb gibt es in diesen Regionen viele sehr aktive Vulkane. Man nennt diese Gebiete Subduktionszonen.

Der Himalaya entstand durch die Annäherung von Indien und Asien, die sich auch weiterhin um einige Zentimeter pro Jahr aufeinander zu bewegen.

Das Leben in Erdbebenregionen

Im Abstand von nur einem Jahr kam es in zwei unterschiedlichen Regionen auf der Erde zu etwa gleich starken Erdbeben: 1988 in Spitak in Armenien und 1989 in Loma Prieta in Kalifornien in den USA. Während es in Kalifornien weniger als 10 Verletzte gab, starben in Armenien fast 100 000 Menschen und mehr als 500 000 wurden obdachlos.
Wieso können sich Erdbeben so unterschiedlich auswirken?

Kinder in Japan (oben) leben ebenso wie Kinder in Pakistan (links) in erdbebengefährdeten Gebieten. Der Unterschied: Die japanischen Kinder sind gut auf ein mögliches Erdbeben vorbereitet, die Kinder in Pakistan dagegen haben nie gelernt, wie sie sich im Ernstfall verhalten müssen.

Wie man sich bei einem Erdbeben verhält

Kinder in Kalifornien und Japan lernen schon früh mit der Gefahr möglicher Erdbeben zu leben. Sie wissen, dass sie bei Alarm Schutzhelme aufziehen und Schutz unter den Tischen suchen müssen, möglichst weit weg von allen Fenstern. Die Erwachsenen wissen, dass sie als erstes Gas und Strom abstellen müssen und weder Telefone noch Aufzüge benutzen dürfen. Nach einem schweren Erdbeben schalten zudem alle das Radio ein. Hier erhalten sie zum Beispiel die Anweisungen, im Auto zu bleiben oder sich von Stromleitungen, Brücken und Felsen fernzuhalten.

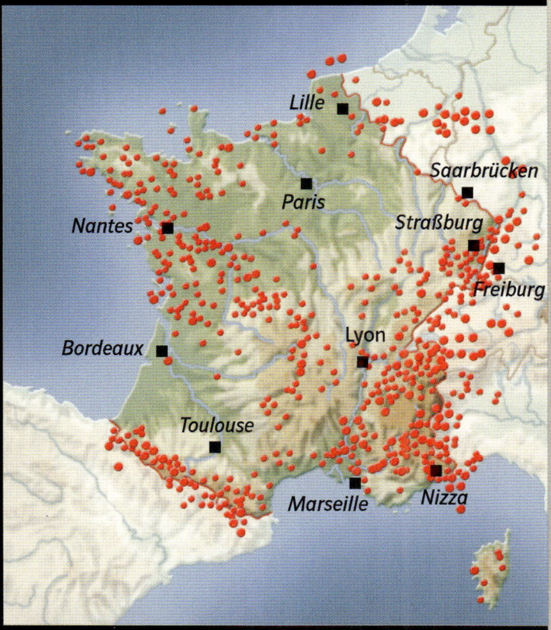

In Frankreich machen Erdbebenregionen etwa ein Zehntel der Landesfläche aus (im Bild sieht man alle Erdbeben im 20. Jahrhundert, die mindestens Stärke 3 auf der Richter-Skala hatten). Seit 1994 müssen alle neu errichteten Gebäude erdbebensicher gebaut werden, auch wenn es in Frankreich nur schwache Erdbeben gibt.

ERDBEBENSICHERE HÄUSER

Um die Menschen besser vor Erdbebenschäden zu schützen, baut man seit einiger Zeit erdbebensichere Häuser. Dabei werden besondere Materialien verwendet, spezielle Bauvorschriften eingehalten, und zwischen benachbarten Gebäuden ein Zwischenraum von mehreren Zentimetern gelassen. Stürzt eines der Gebäude ein, so reißt es das benachbarte nicht mit sich.

Wie baut man erdbebensichere Gebäude?

Bei dem großen Erdbeben von San Francisco im Jahr 1906 hielten die aus Holz gebauten Häuser dem Beben viel besser stand als die aus Stein. Der Grund: Holz ist nicht so starr wie Stein — es kann sich biegen, ohne dabei zu zerbrechen. Dadurch können Erschütterungen abgefangen werden, ohne dass das Haus einstürzt. Heute setzt man zum Schutz gegen Erdbeben große Federn unter die Fundamente von Gebäuden. So wie die Federn bei einem Mountainbike die Stöße dämpfen, wenn man über Kieselsteine fährt, so fangen diese großen Federn die Schwingungen ab, die bei einem Erdbeben entstehen. Manchmal setzt man auch Gummiplatten zwischen zwei benachbarte Gebäude, um zu verhindern, dass die beiden bei einem Erdbeben gegeneinanderstoßen. In einigen Gebäuden werden auch Tragekonstruktionen aus Stahl verwendet.

Nach dem Erdbeben von Kobe in Japan (1995) wurden die Vorschriften für erdbebensicheres Bauen verschärft, um bei zukünftigen Beben mehr Menschenleben zu retten.

庫
SANYO
サンヨー

Im Jahr 2004 wurde die Region Niigata in Japan von einem schweren Erdbeben erschüttert. Trotzdem hielten viele Wohnhäuser dem Beben stand. Es gab 31 Tote, von denen 12 an einem Herzinfarkt starben. Fast 2 500 Menschen wurden verletzt, viele von ihnen durch herabstürzende Gebäudeteile.

Sind Erdbeben vorhersagbar?

Könnte man Erdbeben vorhersagen und die Bevölkerung rechtzeitig warnen, ließen sich jedes Jahr hunderttausende Menschenleben retten. Leider ist das immer noch nicht möglich. Weltweit arbeiten Wissenschaftler an Vorhersagemethoden, doch bisher hat sich keine als wirklich geeignet erwiesen.

Von der Vergangenheit auf die Zukunft schließen

Einige Forscher haben versucht, ein ganz einfaches Prinzip zur Vorhersage von Erdbeben zu nutzen: Wenn es an einem Graben mehrere Jahre lang kein Erdbeben gegeben hat, kann man davon ausgehen, dass sich in den Platten eine große Spannung aufbaut, die sich plötzlich in einem heftigen Erdbeben entladen wird. Diese Methode ist jedoch nicht sehr praktisch und wird auch nicht verwendet, weil sich mit ihr der Zeitpunkt des Erdbebens nicht genau genug bestimmen lässt. Man müsste die Bevölkerung mehrere Monate lang evakuieren, was kaum durchführbar ist.

In Kalifornien warten heute alle auf das sogenannte „Big One": ein Erdbeben von solch einer Stärke, dass es mehrere große Städte wie San Francisco (oben) oder Los Angeles zerstören könnte. Experten sind sich einig, dass es irgendwann dazu kommen wird ... doch niemand weiß genau wann. Auch wo das Epizentrum des Bebens genau liegen wird, lässt sich nicht bestimmen.

Seismometer registrieren Erdbeben dann, wenn sie auftreten. Bisher hat man aber noch keine verlässlichen Vorboten entdeckt, die ein Erdbeben vor seinem Auftreten ankündigen.

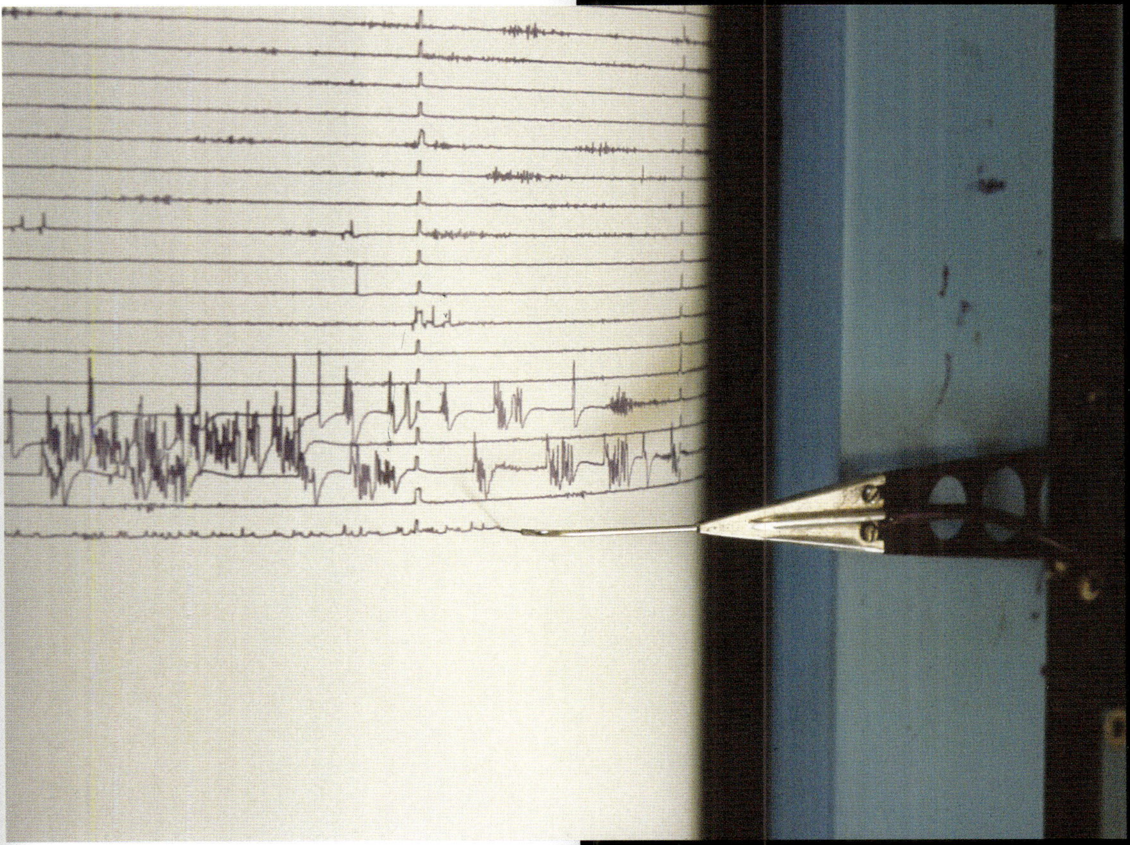

DAS EPIZENTRUM

Das Epizentrum eines Erdbebens ist der Punkt auf der Erdoberfläche, der genau senkrecht über dem Ausgangspunkt des Bebens liegt.

Die Erde genau beobachten

Lassen sich kurz vor einem Erdbeben kleine Veränderungen im Erdboden feststellen? Drei griechische Physiker waren davon überzeugt. Sie entwickelten das VAN-Verfahren (benannt nach ihren Initialen). Laut ihnen verändern sich einige Tage bis einige Stunden vor einem Erdbeben die natürlichen, elektrischen Ströme im Erdboden. Misst man diese Ströme kontinuierlich, kann man jede kleinste Veränderung sofort feststellen. Die Wissenschaftler begründen die Veränderung der elektrischen Ströme damit, dass durch die große Spannung im Erdboden vor einem Beben kleine Brüche im Gestein entstehen. Viele Geophysiker stehen diesem Verfahren jedoch äußerst skeptisch gegenüber. So halten sie es vor allem für dichtbesiedelte Ballungsräume, wie Großstädte, für ungeeignet, da hier zuviel Elektrizität durch menschliche Aktivitäten vorhanden ist. Ein weiterer Kritikpunkt ist, dass die Vorhersagen von Zeit, Ort und Stärke zu ungenau sind.

Beobachtungen aus dem Weltall

Seit dem Jahr 2004 registriert der französische Satellit Demeter in Höhe von 750 km die elektrischen Signale, die kurz vor oder während eines Erdbebens entstehen. Forscher hoffen, dadurch den Zusammenhang zwischen Erdbeben und den elektrischen Strömen im Erdboden zu verstehen, um eines Tages Erdbeben vorhersagen zu können.

EIN SECHSTER SINN

Es gibt viele Berichte darüber, dass sich Tiere vor einem Erdbeben sehr auffällig verhalten. Ihr seltsames Verhalten ist ein Vorbote … doch leider kein verlässlicher.

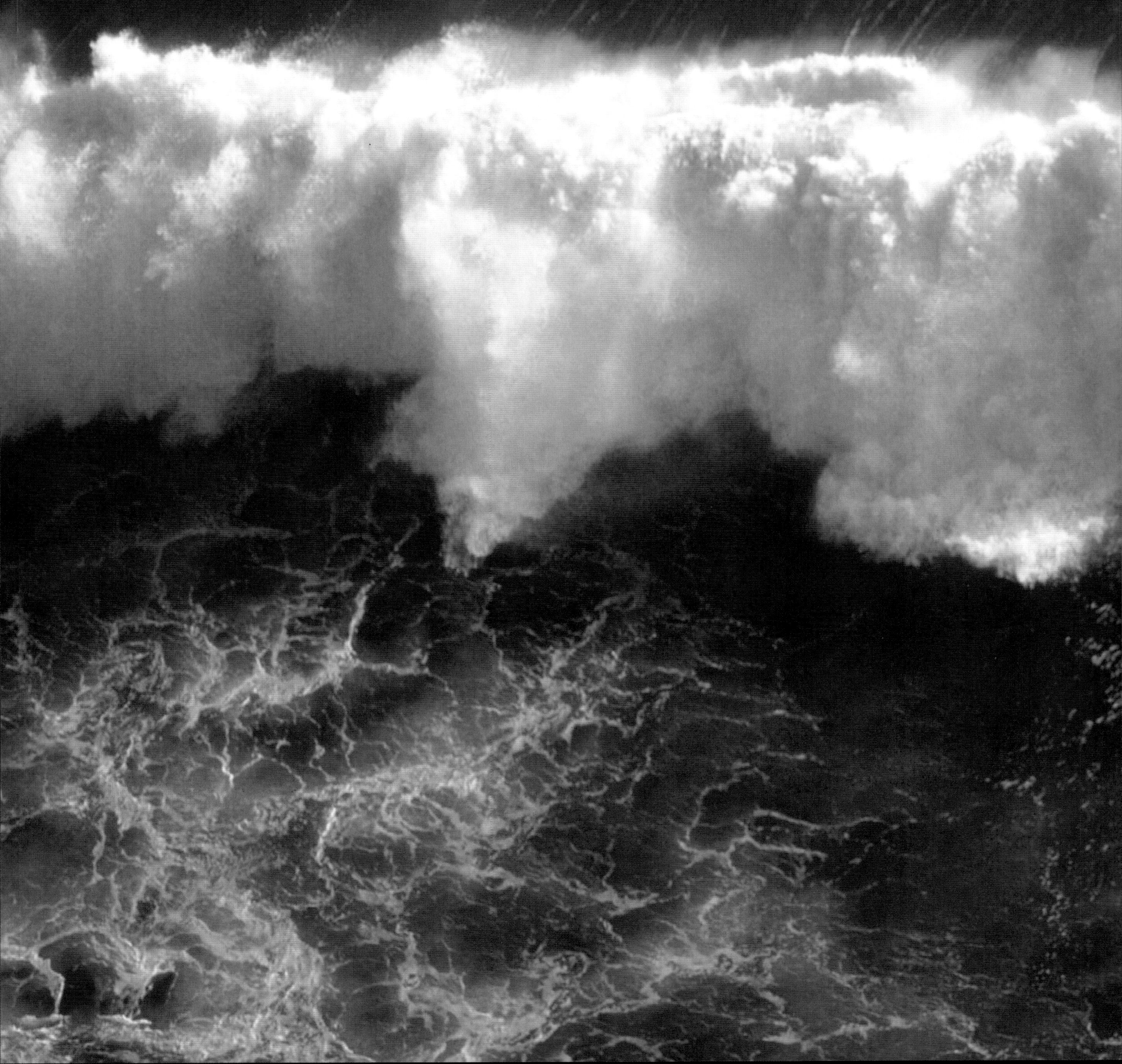

TSUNAMIS

Am 26. Dezember 2004 machte Tilly, ein 10-jähriges Mädchen aus England, mit seinen Eltern Urlaub am Strand von Maikhao in Thailand. An diesem Tag erinnerte sich Tilly daran, was sie im Erdkundeunterricht über die Entstehung von Tsunamis gelernt hatte und erkannte deshalb die herannahende Gefahr. Dank ihr wurden der gesamte Strand und das angrenzende Hotel evakuiert. Bei der später anrollenden Flutwelle starben an den asiatischen Küsten fast 250 000 Menschen oder werden bis heute vermisst. An dem kleinen Strand von Maikhao jedoch gab es keinen einzigen Toten oder Verletzten.

DIE GEFAHR ERKENNEN

Jede auch noch so kleine Welle und das Verhalten des Meeres beobachten, um die Gefahr zu erkennen ... Das ist leichter gesagt als getan. Denn wenn am Strand alle fröhlich spielen, sich unterhalten oder entspannt in der Sonne liegen, kommt niemand auf die Idee, das Meer zu beobachten und nach einem Tsunami Ausschau zu halten. Wenn man jedoch weiß, wie sich ein Tsunami ankündigt, lassen sich im Ernstfall vielleicht tausende Leben retten.

Die riesige Welle hat auf ihrem Weg alles zerstört: Häuser, Äcker ...

Wie kündigt sich ein Tsunami an?

Es gibt einen ganz wesentlichen Unterschied zwischen gewöhnlichen Meereswellen, dem Seegang, und den Wellen eines Tsunamis. Normale Wellen bewegen sich wie eine Rolle: Das Wasser steigt an und kehrt dann in seine ursprüngliche Lage zurück. Doch selbst bei heftigem Sturm überflutet der Seegang nie den Strand. Tsunami-Wellen dagegen bewegen sich vom offenen Meer in Richtung Küste. Die ersten Wellen, die auf der Küste auftreffen, sind dabei nicht unbedingt die höchsten.

Das Meer ist ruhig, der Strand sieht aus wie immer.

Der Horizont wird dunkel, die riesige Welle nähert sich.

Das Meer zieht sich zurück: die Welle ist bald da.

Der rettende Hinweis

Es gibt einen entscheidenden Hinweis, der die Ankunft eines Tsunamis verrät: Das Meer zieht sich auf seltsame Weise vom Land zurück. Am 26. Dezember 2004 zog sich das Meer an den asiatischen Küsten um etwa 400 Meter zurück, bevor die tödliche Riesenwelle hereinbrach. An solch einem ungewöhnlichen Rückzug des Meeres lässt sich ein Tsunami erkennen.

EINE KATASTROPHE MIT FOLGEN

Im Dezember 2004 schlugen zum ersten Mal alle Messgeräte an. Eine Katastrophe von solchem Ausmaß hatte es in den ganzen zehn Jahren, seitdem Satelliten vom Weltraum aus unsere Erde beobachten, nicht gegeben. Das Erdbeben auf dem Meeresgrund wurde von Seismometern auf der ganzen Welt registriert, während sogenannte Mareographen die genaue Höhe des Meeresspiegels maßen. Von diesen Messungen erhoffen sich Wissenschaftler, das Phänomen Tsunami besser zu verstehen. Ihr Ziel: ein umfassendes Warnsystem einrichten, um das Meer ständig überwachen und so Tsunamis voraussagen zu können.

Die Bucht von Banda Aceh (Indonesien) vor und nach dem Tsunami im Dezember 2004.

Wie entsteht ein Tsunami?

Aus einer kleinen unauffälligen Welle am Horizont kann eine riesige Tsunami-Welle werden. Sie unterscheidet sich von gewöhnlichen Wellen, die sich auftürmen und wieder verschwinden, weil sie durch ein Erdbeben auf dem Meeresgrund entstanden ist.

Wodurch wird ein Tsunami ausgelöst?

Ein Tsunami ist eine riesige Welle, die bis zu 40 Meter hoch werden kann und sich auf dem Meer ausbreitet. Solch eine Welle entsteht durch eine plötzliche heftige Bewegung des Meeres, die ausgelöst wird durch ein Erdbeben, einen Erdrutsch oder einen Vulkanausbruch. Wissenschaftler gehen davon aus, dass auch ein Meteoriteneinschlag einen Tsunami auslösen könnte.

Eine anwachsende Welle

Wenn sich eine Tsunami-Welle auf dem offenen Ozean bildet, kann sie zunächst winzig sein – kaum zehn Zentimeter hoch. Doch auf ihrem Weg Richtung Küste kann sie zu einer riesigen Welle anwachsen. Je flacher das Wasser ist, desto höher wird die Welle. In Küstennähe ist das Wasser sehr flach und die Welle deshalb sehr hoch. Oft findet das Erdbeben, das den Tsunami auslöst, 40 bis 300 km von der Küste entfernt statt; dann dauert es zwischen 15 und 40 Minuten, bis die Welle den Strand erreicht.

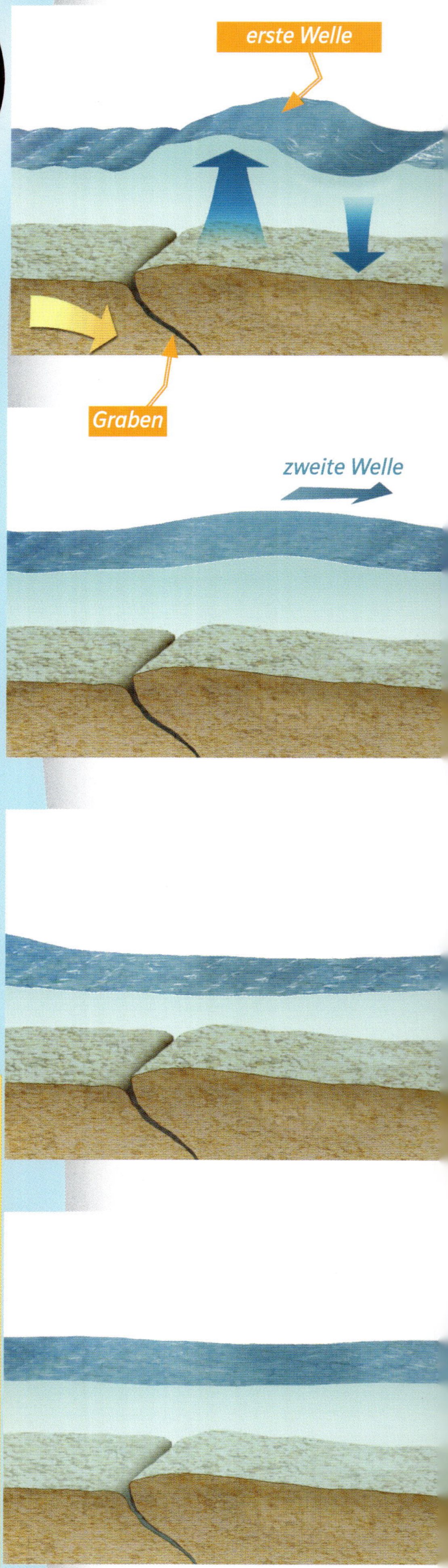

EIN GEWALTIGES ERDBEBEN

Das Erdbeben, das den Tsunami im Dezember 2004 auslöste, erschütterte den Meeresboden vor Sumatra. Es war mit einer Stärke von 9,2 auf der Richter-Skala eines der schwersten Erdbeben der Geschichte. In dieser Region bilden die tektonischen Platten eine Subduktionszone *(siehe S. 19)*. Eine der Platten schiebt sich jedes Jahr um 5,5 Zentimeter unter die andere. Doch die Bewegung verläuft nicht gleichmäßig. Nach 300 Jahren ohne Erdbeben sackte der Meeresboden an dieser Stelle am 26. Dezember 2004 auf einer Länge von 400 bis 1000 Kilometern mit einem Mal um 15 bis 20 Meter ab – nach Schätzungen innerhalb von 4 bis 8 Minuten. Ein unvorstellbares Ereignis!

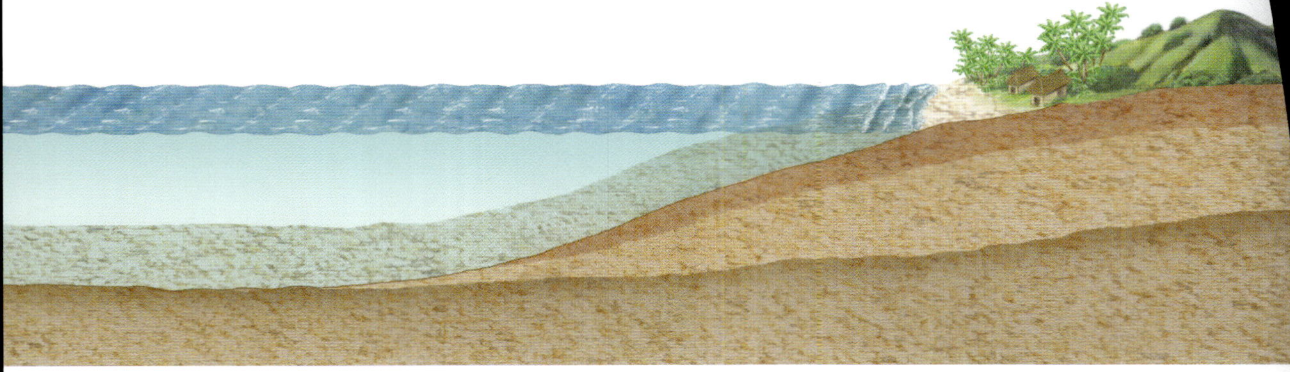

Weit entfernt von der Küste erschüttert ein Erdbeben den Meeresgrund. Es entsteht eine Welle …

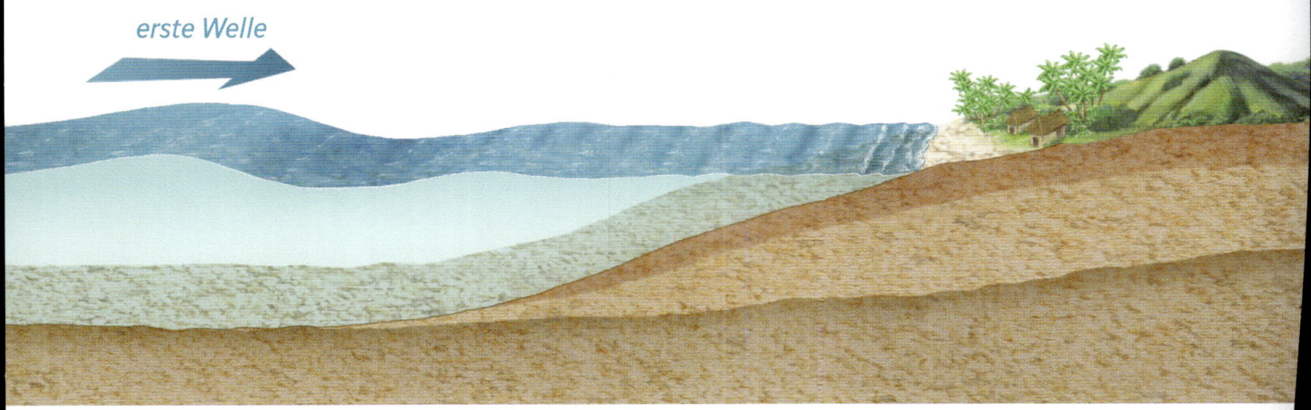

… die sich auf dem Meer ausbreitet, ohne dass man sie von den normalen Wellen unterscheiden kann. Oft folgen ihr eine oder zwei weitere Wellen im Abstand von 15 bis 60 Minuten.

Umso flacher das Wasser wird, desto höher wird die Welle.

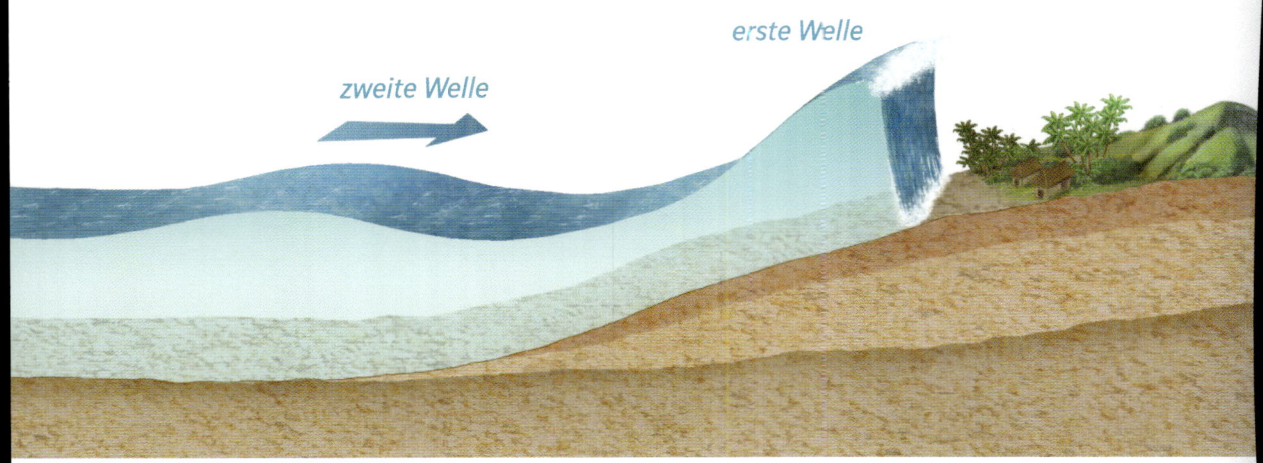

In den sehr flachen Küstengewässern türmt sich die Welle zu einer riesigen Wasserwand auf und bricht über den Strand herein.

Der Tsunami im Dezember 2004

Am 26. Dezember 2004 änderte sich in weniger als 10 Minuten das Leben von 250 000 Menschen: Eine riesige Welle überflutete das Land. Der Tsunami zerstörte alles auf seinem Weg – er hinterließ Trümmer, Tote und verwüstete Felder.

Die tödliche Welle breitete sich über den gesamten Indischen Ozean aus und erreichte die Küsten Indiens (oben) und Afrikas.

Die Stadt Banda Aceh in Indonesien vor dem Tsunami mit ihren Häusern, Grünflächen und umliegenden Feldern.

Eine völlig verwüstete Landschaft in Indonesien, eine Woche nach dem Tsunami: Nur die Moschee steht noch, weil sie aus anderem Material gebaut wurde als die Wohnhäuser.

Für die vielen Touristen, die ihre Winterferien in der Sonne verbringen wollten, wurde der Urlaub zum Alptraum, wie hier auf der Insel Koh Phi Phi in Thailand.

Der gleiche Blick auf Banda Aceh nach dem Tsunami zeigt das Ausmaß der Zerstörung: Nur wenige Häuser stehen noch, die Felder und Straßen sind völlig verwüstet.

Schutz gegen Tsunamis

Kein Tsunami wurde je zuvor so genau untersucht wie der vom 26. Dezember 2004. Wissenschaftler hoffen, durch diese Untersuchungen den Mechanismus der Tsunamis besser zu verstehen und deshalb rechtzeitig vor ihnen warnen zu können.

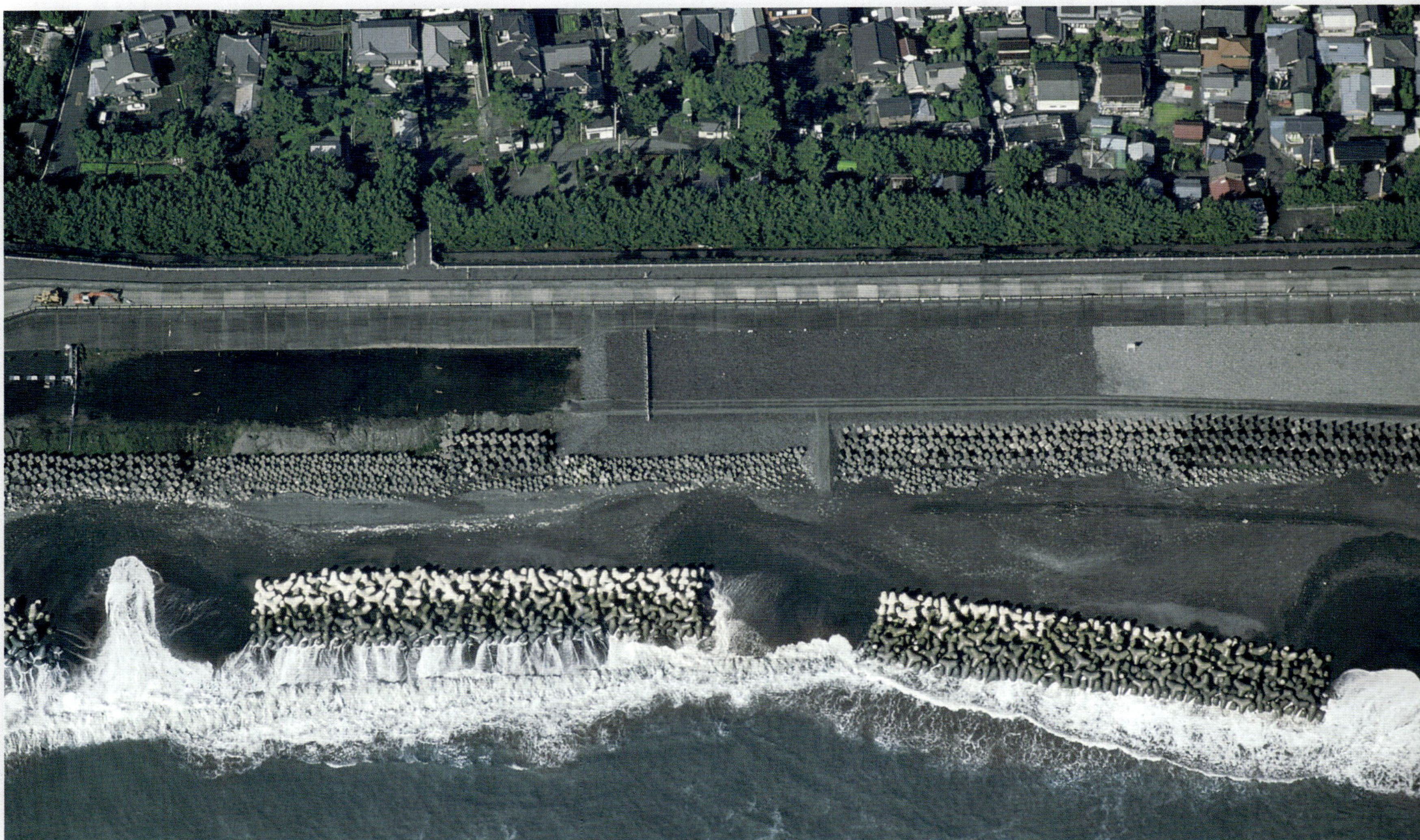

Ein Mittel, um die Wasserwand zu durchbrechen sind Wellenbrecher, wie hier in der Bucht Suruga in Japan. Die Konstruktion verhindert die Entstehung einer tödlichen Riesenwelle.

Ein Erdbeben im Ozean

Ein Tsunami wird durch ein Erdbeben auf dem Meeresgrund ausgelöst, einem sogenannten Seebeben. Die dadurch entstehende Welle pflanzt sich bis zur Küste fort. Leider sind diese Erdbeben noch nicht vorhersehbar. Zahlreiche Wissenschaftler haben versucht, verschiedene Vorzeichen zu erkennen; sie haben Methoden entwickelt, die auf Meeresströmungen basieren – doch keine dieser Ideen hat sich bisher als geeignet erwiesen.

Das bedeutet: Solange Erdbeben nicht vorhersehbar sind, kann man auch keine Tsunamis vorraussagen.

Die Bevölkerung warnen

Auch wenn es nicht möglich ist, das Erdbeben vorherzusagen, das einen Tsunami auslöst, so kann man doch auch nach dem Auftreten des Bebens die Bevölkerung vor der tödlichen Riesenwelle warnen. Immerhin dauert es bei einem Tsunami eine gewisse Zeit, bis die Welle die Küste erreicht ... die Erdbebenwellen, die durch das Beben ausgelöst werden, breiten sich schneller aus als das Wasser und können so innerhalb weniger Minuten von den weltweiten Seismographen-Netzen erkannt werden. Spezialisten können nun genau das Epizentrum des Erdbebens bestimmen. Liegt der Erdbebenherd weit von der Küste entfernt, bleibt bis zur Ankunft des Tsunamis noch genug Zeit, um die Bevölkerung zu warnen.

Internationale Hilfe war nach dem Tsunami im Dezember 2004 schnell vor Ort: Helfer brachten Wassercontainer und begannen mit dem Wiederaufbau.

INTERNATIONALE ZUSAMMENARBEIT

Aus dem Tsunami vom 26. Dezember 2004 haben die betroffenen Länder eine Lehre gezogen: Eine regionale Zusammenarbeit ist bereits entstanden und mit dem Aufbau internationaler Netzwerke wurde begonnen.

Früherkennung von Tsunamis

Geophysiker setzen heute viele Geräte ein, um nach allen möglichen Vorboten eines Tsunamis Ausschau zu halten. Seismometer registrieren selbst geringste Erderschütterungen, Mareographen messen den Meeresspiegel, Drucksensoren erfassen jede Veränderung der Meereshöhe, und auch an den Küsten werden Messungen durchgeführt. Zudem arbeiten die Wissenschaftler mit Satellitenbildern. Diese vielen Messungen sollen es ermöglichen, ein Beben sofort zu bemerken, wenn es im Ozean auftritt.

Ausbreitung des Tsunamis vom 26. Dezember 2004

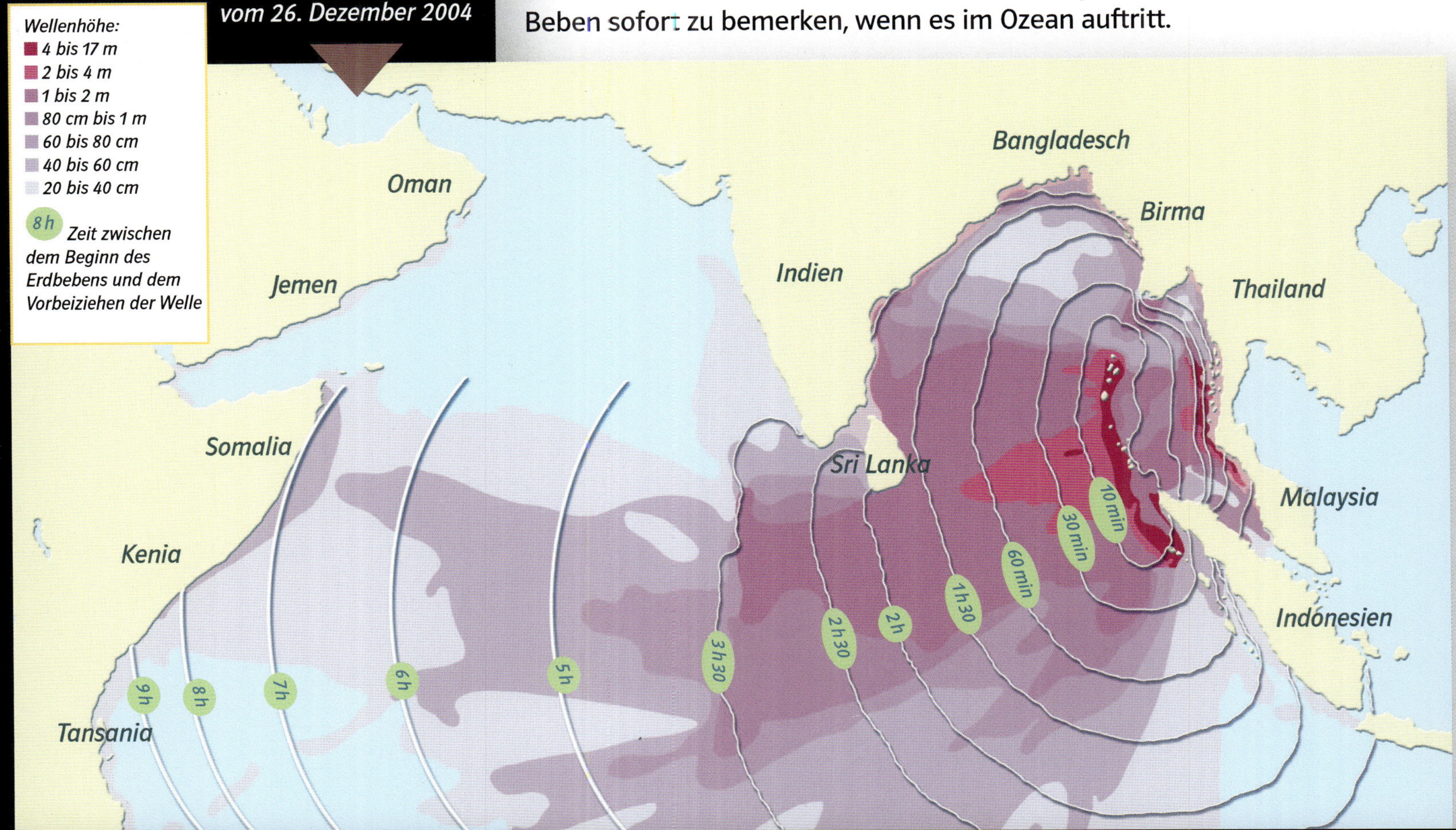

VULKANAUSBRÜCHE

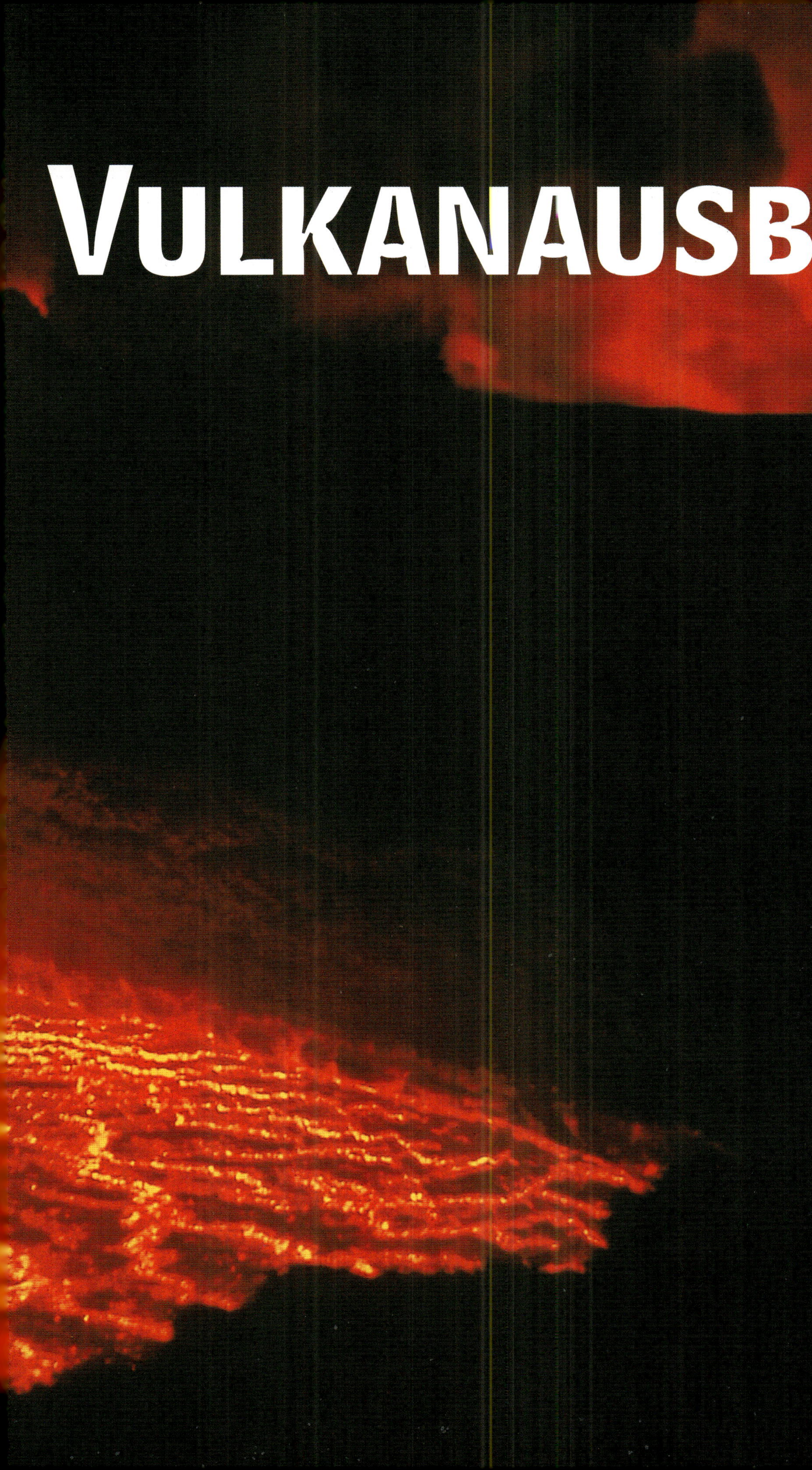

Es ist ein wahres Feuerwerk aus Licht und Farbe: Das Schauspiel eines Vulkanausbruchs könnte einer der faszinierendsten Anblicke sein, den die Natur uns zu bieten hat … Nur leider kann dieses unvorhergesehene Feuerwerk alles auf seinem Weg zerstören, komplette Dörfer in Schutt und Asche legen und monatelang die Sonne verdecken .

Ein schlafender Riese erwacht

Am 15. Juni 1991 wurde eine Gegend, die man bis dahin für ungefährdet gehalten hatte, von einer schweren Naturkatastrophe erschüttert. Der Pinatubo, ein Vulkan im Archipel der Philippinen, explodierte und sprengte dabei seinen Gipfel.

Ein sechs Jahrhunderte alter Gipfel

Die ersten Anzeichen gab es im April 1991: Der Pinatubo begann, Asche und Dampf zu speien und es kam zu kleineren Explosionen. Zuvor war der Berg sechs Jahrhunderte lang ruhig gewesen und hatte nicht einmal die kleinste Rauchwolke ausgestoßen.
Am 7. Juli wurden dann direkt an den Flanken des Vulkans schwache Erderschütterungen registriert: Geophysiker kennen diesen Erdbebentyp gut – er verrät, dass Magma im Innern des Vulkans aufsteigt. Daher wurde sofort beschlossen, die Einwohner der 16 Dörfer, die im Umkreis von 20 Kilometern um den Vulkan lagen, zu evakuieren. 40 000 Menschen mussten ihre Häuser und Wohnungen verlassen.

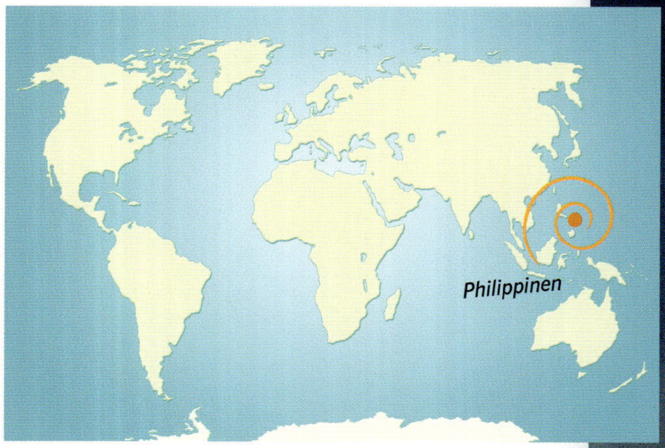

Das Magma des Pinatubos ist alles andere als flüssig. Es ist eine zähe Masse, die erstarrt, wenn sie abkühlt. Doch aus dem Erdinnern steigt nicht nur Magma auf, sondern auch Gas. Da es dort aufgrund der erstarrten Lava nicht entweichen kann, sprengt es die Decke des Berges und verursacht dabei große Schäden.

Monate nach der Explosion kam durch sintflutartige Regenfälle die Asche in den Tälern ins Rutschen. Es entstanden riesige Schlammströme, sogenannte „Lahars". Durch sie starben noch mehr Menschen als durch den Vulkanausbruch selbst.

Wie in einem Dampfkessel

Am 12. Juni 1991 gab es die ersten großen Explosionen. Das zähflüssige Magma bildete beim Austreten zunächst eine große Kuppel. Dieser Lavapfropf verhinderte, dass das Gas entweichen konnte. Der gewaltige Druck, der sich auf diese Weise aufbaute, erreichte am 15. Juni seinen Höhepunkt – der Vulkan explodierte. Bei der Explosion wurde der gesamte Gipfel des Vulkans abgesprengt. Dadurch entstand ein Krater von 2 km Durchmesser, den Vulkanforscher „Caldera" nennen, was auf Portugiesisch Kessel bedeutet.

Asche und Rauch

Der durch das Gas entstandene Druck war so stark, dass Asche und Geröll bis zu 40 km hoch in die Luft geschleudert wurden.
Bis Ende August hing der Himmel voller Rauchwolken, die feste Gesteinsstücke enthielten. Die 100 km entfernt liegende Stadt Manila war von einer Schicht aus Asche bedeckt und der Flughafen blieb mehrere Tage lang geschlossen. Die Asche und die Steine, die in den Himmel geschleudert worden waren, verdeckten die Sonne. Dadurch fiel in der Gegend die Temperatur ab. Überall auf der Erde waren die Staubspuren des Pinatubos zu finden.

ABKÜHLUNG DER OZEANE

Noch heute untersuchen Forscher die Auswirkungen dieses Vulkanausbruchs: Dadurch, dass die Sonne verdeckt wurde, verursachte die Eruption des Pinatubos eine Abkühlung der Ozeane, durch die der mittlere Meeresspiegel um fünf Millimeter sank *!

** Ergebnis veröffentlicht in der Zeitschrift Nature*

Durch die Asche, die den Himmel verdunkelte und weite Teile der Region bedeckte, entstanden seltsame, ganz graue Landschaften.

Wie entsteht Lava?

Warum beginnen Vulkane oft nach monatelangem Schlaf Asche, Lava und Rauch zu speien? Um diese Frage zu beantworten, muss man sich das Innenleben dieser riesigen Feuerspucker genauer ansehen.

In diesem Längsschnitt durch den Vulkan sieht man die Magmakammer, das heißt den Bereich, in dem das Gestein des Erdmantels teilweise geschmolzen ist. Oft ist die Hauptkammer mit vielen kleinen Nebenkammern und Tunneln verbunden. Doch jeder Vulkan sieht anders aus.

Die Launen des Vulkans

Nach jahrhundertelangem, friedlichem Schlaf plötzlich ein denkwürdiger Wutausbruch! Hat man solch eine Stimmungsschwankung schon einmal gesehen?

Ja, denn dies ist ein charakteristisches Merkmal von Vulkanen, auch wenn die Ruhephase von Vulkan zu Vulkan unterschiedlich lang ist. Der Soufrière auf den Antillen ruhte 4 Jahrhunderte, der Pinatubo 6 Jahrhunderte ...

Bedeutet dies also, dass ein Vulkan nie endgültig einschläft? Als erloschen gelten nur Vulkane, die seit mindestens 50 000 Jahren nicht mehr ausgebrochen sind. Dazu zählen in Deutschland zum Beispiel der Kaiserstuhl nahe Freiburg, der Schwäbische Vulkan an der schwäbischen Alb und der Drachenfels im Siebengebirge.

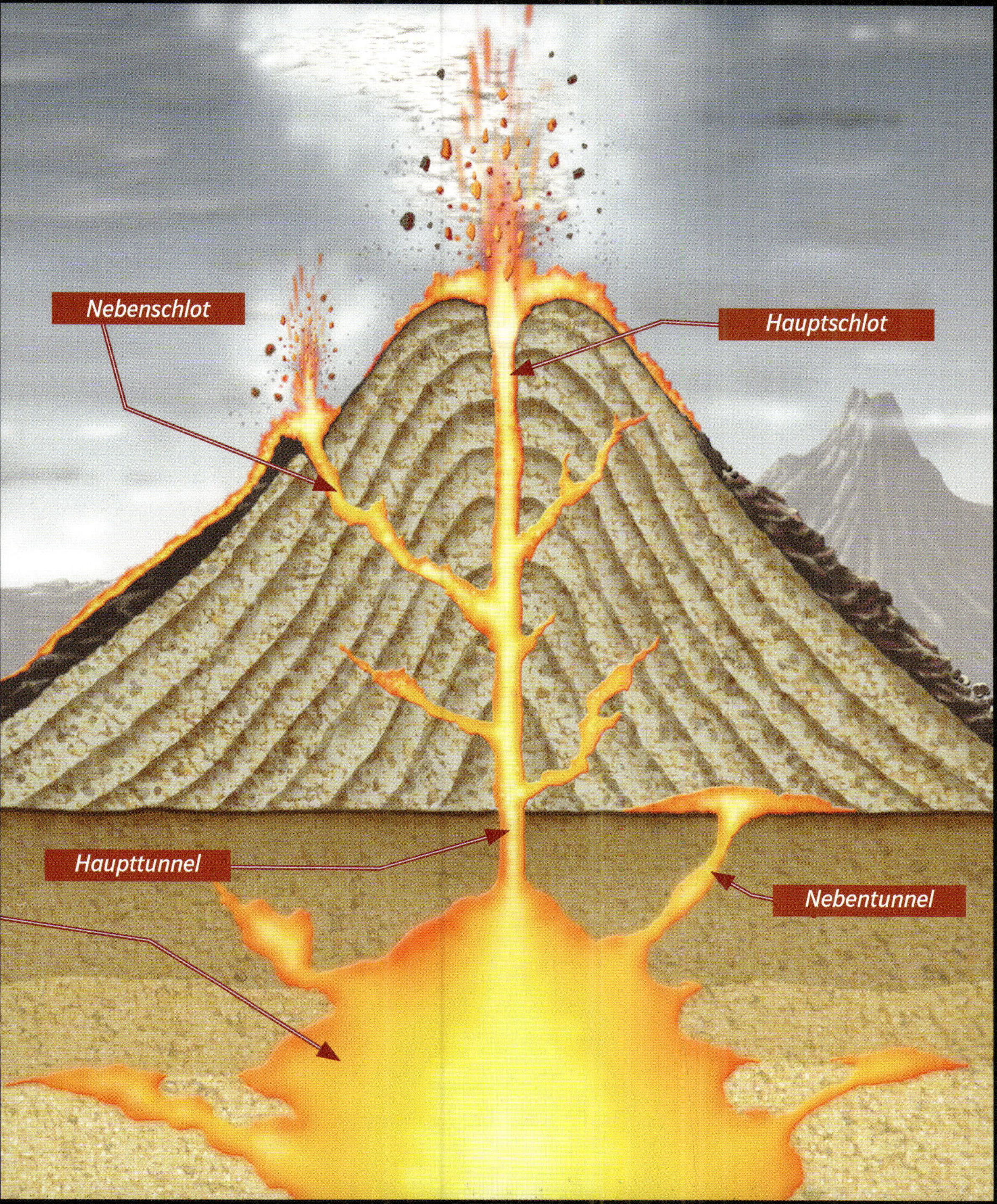

Im Innern des Vulkans

Das im Erdmantel enthaltene Gestein ist ein Gemisch aus geschmolzenem Gestein (Magma), zu dem sich Wasser mischt. Ist das Gemisch warm genug, verdampft das Wasser und es sammelt sich immer mehr Gas an ...

Doch um das Magma zum Schmelzen zu bringen, ist eine Temperatur von mindestens 1 300 °C nötig, die in einer Tiefe von 100 km vorherrscht. Das Magma sammelt sich in großen Magmakammern und steigt dann langsam nach oben zum Gipfel des Vulkans auf. Weshalb? Das warme Magma dehnt sich aus und somit nimmt dieselbe Menge nun mehr Platz ein. Ergebnis: Da das Magma leichter ist als die etwas kälteren Stoffe, von denen es umgeben ist, steigt es nach oben.

Vorsicht, Explosion!

Die heißen, geschmolzenen Gesteinsmassen steigen langsam nach oben. Sie können mehrere hundert Jahre an einer Stelle stehen bleiben – dabei beginnen sie Gas zu verlieren, das sich dann im Innern des Vulkans ansammelt. Dadurch kann sich an den Flanken des Vulkans Spannung aufbauen: Kleine Risse können entstehen, und es kann sogar zu kleinen Erdbeben kommen. Diese kleinen Zeichen, die anzeigen, dass das Gas und das geschmolzene Gestein (das Magma) unter hohem Druck stehen, kündigen eine bald bevorstehende Explosion an.

LAVA UND MAGMA

Das geschmolzene Gestein nennt man Magma. Sobald es als flüssiger Strom oder explosives Gasgemisch aus dem Vulkan austritt, spricht man von Lava.

Oft gibt es auf ein- und demselben Vulkan mehrere Schlote, die Lava und Rauch speien können (hier auf dem Mount Bromo in Indonesien). Dies ist ein Beweis dafür, dass sich das Magma tief in der Erde in einem Netz aus Tunneln mit mehreren Magmakammern bewegt.

Sind alle Vulkane gleich?

Was haben die Vulkane mit den tektonischen Platten zu tun?
Je nachdem, an welcher Stelle sie sich befinden, und wie sich die tektonischen Platten bewegen, auf denen sie stehen, verhalten sich die Vulkane unterschiedlich.

Der Vulkan Krafla ist, genau wie der Rest Islands, ein aus dem Wasser ragender Teil des Mittelatlantischen Rückens.

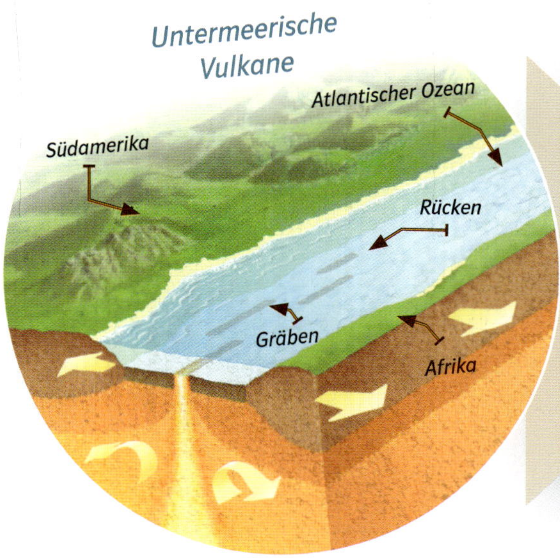

Der mittelozeanische Rücken

Auf dem Grund der Ozeane steigt aus dem Erdmantel ständig Magma auf. Es erkaltet, sobald es mit dem Wasser in Berührung kommt und bildet so neuen Meeresboden. Dadurch entsteht das, was Geophysiker den „Mittelozeanischen Rücken" getauft haben – eine Kette kleiner Vulkane, die ständig Lava ausstoßen. Der Druck, der durch das aufsteigende Magma entsteht, drückt die ozeanischen Platten rechts und links des Rückens auseinander. Sie wandern in entgegengesetzte Richtungen ab, bis sie an ihren Rändern auf die Kontinente stoßen. Dort schieben sie sich unter die kontinentalen Platten (siehe Seite 19 „Subduktionszonen") und tauchen in tiefere Schichten des Erdmantels ab – der alte Meeresboden verschwindet. Das am Mittelozeanischen Rücken aufsteigende Magma ersetzt diesen alten Meeresboden wieder durch neuen.
Der Mittelozeanische Rücken ist mit 60 000 km Länge der längste zusammenhängende Gebirgszug unserer Erde.

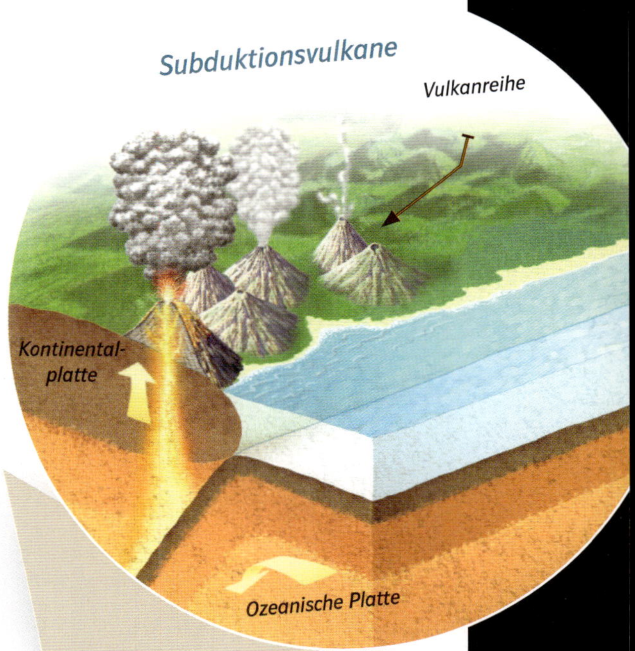

DIE VULKANE DER ERDE

Wenn man für jeden Vulkan auf der Erde einen roten Punkt auf der Karte einzeichnet, kann man deutlich drei Kategorien erkennen: Vulkane, die sich mitten in den Meeren befinden, eine Vulkankette, die um den Pazifischen Ozean herum verläuft, und Vulkane, die mitten auf einer tektonischen Platte sitzen.

Der Anak Krakatau in Indonesien gehört zum Pazifischen Feuerring: Er ist ein Subduktionsvulkan.

Der Feuerring

Der Pazifische Ozean ist umringt von einer Kette aus Vulkanen, die sich von den Küsten Südamerikas bis nach Asien erstreckt. Die riesigen Lavaspucker bilden den sogenannten „Feuerring". Sie entstehen in Subduktionszonen, also dort, wo eine Kontinentalplatte und eine ozeanische Platte aufeinandertreffen.

Was passiert, wenn zwei Platten gegeneinanderstoßen?

Die ozeanische Platte ist schwerer und taucht unter der Kontinentalplatte ab. Auf diese Weise sinkt der alte Meeresboden unter Südamerika pro Jahr etwa 8 cm tiefer ins Erdinnere. Das Abtauchen durch die verschiedenen Gesteinsschichten erzeugt eine große Reibung, durch die wiederum Hitze entsteht. An einigen Stellen steigen die Hitze und der Druck so stark an, dass die Gesteinsmassen schmelzen und zu Magma werden. So entstehen Vulkane.

Hot-Spot-Vulkane

Es gibt jedoch auch Vulkane, die sich nicht an Plattenrändern, sondern mitten auf einer tektonischen Platte befinden. So zum Beispiel die Vulkane von Hawaii, aus denen die gleichnamige Inselgruppe entstanden ist. Die Vulkane dort ziehen ihr Magma aus Tiefen von mehr als 2 900 km. Das Magma erreicht die Oberfläche zwar immer an derselben Stelle, doch die darüber liegende, tektonische Platte bewegt sich. Ergebnis: Das Magma durchlöchert die Platte entlang einer Linie in der Richtung, in der die Platte voranschreitet. Daher der Name dieser Vulkane: Hot Spots (Heiße Stellen).

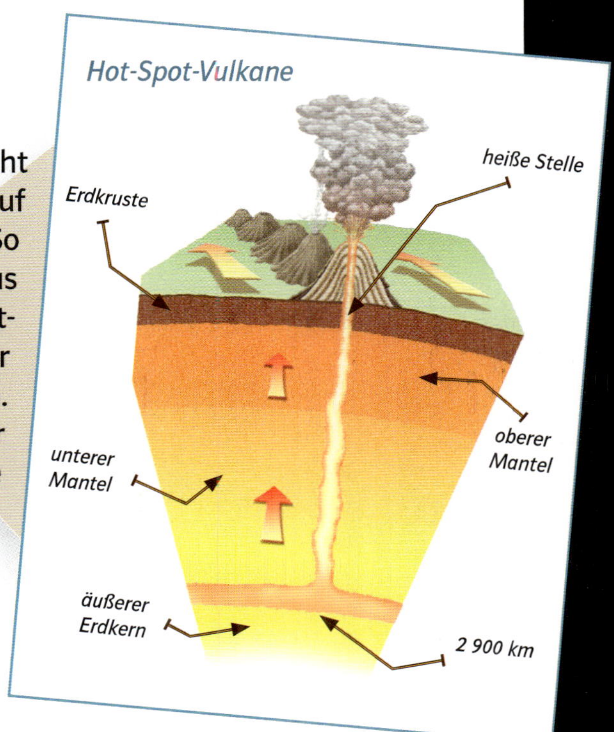

Unterschiedliche Ausbruchsarten

Lavaströme, Gas-, Staub- und Schwefelwolken ...
Die Auswürfe von Vulkanen sind sehr unterschiedlich: mehr oder weniger flüssig, mehr oder weniger gashaltig. Vulkanologen untersuchen die Zusammensetzung der verschiedenen Lavaarten und erhoffen sich dadurch eine bessere Kenntnis der Vulkane.

Stromboli-Typ

Der Stromboli ist ein italienischer Vulkan, der auf eine ganz besondere Weise ausbricht. Darum wurde er zum Namensgeber einer Gruppe von Vulkanen, die man als „Stromboli-Typ" bezeichnet. Die Gasblasen, die sich am Grunde der Magmakammer befinden, steigen ganz langsam auf, schließen sich zusammen und bilden schließlich eine große Blase, die einen Durchmesser von einem Meter erreichen kann. Diese Blase tritt wie bei einem gigantischen Schluckauf aus. Dabei platzt sie und sprüht Lavafontänen, wie bei einem Feuerwerk.

Der Stromboli ist seit 2 000 Jahren aktiv: Bei seinen Ausbrüchen stößt er Asche und Rauch aus. Die Lava fällt oft in den Krater zurück, doch manchmal fließt sie auch die Hänge des Vulkans herunter und ergießt sich ins Meer.

Hawaii-Typ

Bei Hawaii-Typ-Vulkanen fließt die Lava in flüssigen, roten Bächen die Hänge hinunter. Sie enthält nur wenig Gas, kühlt langsam ab und wird fest. Dabei formt sie manchmal Tunnel und Bögen. Um sie herum erstrecken sich „Felder" aus Basalt, einem schwarzen Gestein, das entsteht, wenn das Magma austritt und erkaltet.

Der Kilauea ist der weltweit aktivste Vulkan des Hawaii-Typs.
Über seine erkalteten, dunklen Basaltschichten ergießen sich flüssige Lavaströme.

Eine Explosion, die allein durch ihre Glutwolke 600 km² Wald vernichtete: Die Eruption des Mount St. Helens im Jahr 1980 war einer der gewaltigsten Vulkanausbrüche des 20. Jahrhunderts.

DIE GEFÄHRLICHSTEN VULKANE

Unter den explosiven Vulkanen gibt es einige, die für ihre heftigen und gefährlichen Ausbrüche bekannt sind: Das bekannteste Beispiel ist der Plinianische Typ, bei dem sich eine sogenannte Glutwolke bildet.
Was ist eine Glutwolke? Im Innern des Vulkans ist das Magma sehr zähflüssig und reich an Gas. Mit dem Aufsteigen des Gases nimmt der Druck ab und das Gas verwandelt sich in unzählige einzelne Magmablasen.
Ergebnis: Ein riesiger weißlicher Rauchpilz, bestehend aus glühenden Gesteinsbrocken, schwebt wie eine Wolke über dem Vulkan.

Explosive Vulkane

Die spektakulärsten Ausbrüche gibt es zweifellos an den Subduktionsvulkanen (siehe S. 19). Das Magma dieser Riesen enthält viel Gas und Wasser, da das Wasser der Ozeane die Felsen der kontinentalen Platten ständig umspült. Diese Vulkane schleudern ihre Lava sehr hoch in den Himmel, zusammen mit einer Rauchsäule und kleinen Gesteinsbrocken. Bei jedem Ausbruch reißt ihr Gipfel auf und es entsteht ein riesiger Kraterkessel, ein sogenannter Caldera. Deswegen bezeichnet man diese explosiven Vulkane auch als „Caldera-Vulkane".

Der bekannteste Vulkanausbruch der Geschichte

Der bekannteste Vulkanausbruch der Geschichte ereignete sich vor etwas mehr als 19 Jahrhunderten: Im Jahr 79 n. Chr. brach der Vesuv im Süden Italiens aus. Innerhalb von knapp sechs Stunden verschwanden die Städte Pompeji und Herculaneum unter einer Schicht aus Asche.

Ein Regen aus Steinen

Im Jahre 79 n. Chr. ist Pompeji eine kleine, römische, sehr reiche Stadt. Die Weinstöcke, die auf den Hängen des Vesuvs wachsen, liefern Wein, den die Bewohner verkaufen. Am 24. August beginnt gegen 13 Uhr ein seltsamer Regen über der Stadt zu fallen: kleine weiße Steinchen, so leicht wie Popcorn. In der Ferne können die Bewohner eine weiße Rauchwolke sehen, die etwa 10 km hoch in den Himmel ragt. Angesichts dieses merkwürdigen Regens fliehen viele – mit einem Kissen als Schutz über ihrem Kopf. Andere ziehen sich in ihre Häuser zurück und suchen Schutz in den Kellern. Am nächsten Morgen ist die Stadt bereits von einer drei Meter hohen Schicht aus Steinen bedeckt!

Die Dächer der Häuser stürzen ein.

Die Menschen, die sich in die Keller geflüchtet hatten, sind eingeschlossen und ersticken. Fast die gesamte Bevölkerung wird von dem Ereignis überrascht und kommt dabei ums Leben ...

Der Vesuv hat sich nicht beruhigt: Im April 1872 brach der Vulkan erneut aus und spuckte wieder Asche, Steine und Rauch.

Wie man auf diesem Bild aus dem 18. Jahrhundert sehen kann, hat die Asche, die sich über Pompeji legte, die Menschen bei dem überrascht, was sie gerade taten. Sie begrub die Stadt unter sich, wobei alles erhalten wurde.

Die Glutwolke

In Pompejis Nachbarstadt Herculaneum geschieht nicht genau das Gleiche. Der beliebte Ferienort mit vielen luxuriösen Villen liegt etwa 7 Kilometer westlich des Vesuvs. Am 25. August gegen ein Uhr morgens erreicht eine seltsame Wolke die Stadt: Es ist eine Glutwolke aus Gas und Staub, die alles auf ihrem Weg zerstört. Die Bewohner haben kaum Zeit zu fliehen: Die über 400 °C heiße Glutwolke bewegt sich mit der Geschwindigkeit eines ICE vorwärts. Nach einer Stunde lebt in der Stadt niemand mehr. Auch diejenigen, die sich an den Strand geflüchtet hatten, sterben.

Ein genauer Bericht

Die genaue Kenntnis der Ereignisse um Pompeji und Herculaneum verdanken wir Plinius dem Jüngeren, einem Gelehrten, der den Ausbruch des Vesuvs damals miterlebt und in seinen Briefen beschrieben hat. Die beiden römischen Städte wurden von einem Vulkan überrascht, der bis zu diesem Zeitpunkt mehrere Jahrhunderte lang nicht mehr ausgebrochen war.

Erst um 1750 herum – also 17 Jahrhunderte nach der Katastrophe – begann man mit Ausgrabungen. Heute werden die beeindruckenden Ruinen der Städte jedes Jahr von Tausenden Touristen besucht.

Um 1750 wurde Pompeji freigelegt. Heute ist die Ruinenstadt eines der beliebtesten Ausflugsziele von Touristen.

Vulkanausbrüche vorhersagen

Wie kann man sich vor dem Feuer der Vulkane schützen? Gibt es Anzeichen dafür, dass sich ein Lavastrom nähert? Spezialisten sind einigen wertvollen Hinweisen auf der Spur.

Die Vorhersage ist möglich

Obwohl es in der Geschichte schon viele verheerende Vulkanausbrüche gegeben hat, bei denen alles Leben auf den Hängen der Vulkane ausgelöscht wurde, hindert das die Menschen nicht daran, am Fuß dieser Riesen zu wohnen und zu bauen. Der Hauptgrund dafür ist, dass Lava ein sehr fruchtbarer Boden ist, und dass sich die wenigsten Menschen an den letzten Vulkanausbruch erinnern. Doch gerade die gefährlichsten Vulkane können jahrhundertelang schlafen, bevor sie ausbrechen. Seit einigen Jahrzehnten werden die gefährlichsten Vulkane, die sich in bewohnten Gebieten befinden, ständig überwacht. Denn anders als bei Erdbeben ist die Vorhersage von Vulkanausbrüchen heute möglich.

Trotz der Gefahr leben viele Menschen an den Hängen von Vulkanen. In diesen fruchtbaren Gebieten wächst unter anderem Reis, der auf Terrassen angebaut wird, wie hier auf den Philippinen.

Manchmal weist ein Vulkan Risse im Gestein auf, aus denen Gas austritt – wie hier der Vulcano auf den Äolischen Inseln in Italien: Es sind sogenannte Fumarolen.

Fumarolen

Bei der Überwachung von Vulkanen achten Vulkanologen pausenlos auf einen wichtigen Hinweis: Den Ausstoß von kleinen Gaswölkchen. Diese werden Fumarolen genannt und kommen aus Nebenschloten von Vulkanen. Die Analyse dieser Gase liefert wertvolle Informationen: Das leichtere Kohlendioxid tritt zuerst aus der Magmakammer aus. Stellt man fest, dass es nach oben steigt, ist dies bereits ein erstes Anzeichen. Danach ist das Schwefeldioxid an der Reihe – es zeigt den Aufstieg des Magmas an. Allerdings bedeutet der Nachweis dieser beiden Gase nicht zwangsläufig, dass ein Ausbruch bevorsteht, denn manche Vulkane stoßen diese Gase immer aus, auch wenn sie gerade nicht aktiv sind.

Der Piton de la Fournaise auf der französischen Übersee-Insel La Réunion ist gegenwärtig einer der aktivsten Vulkane der Erde. Sein letzter Ausbruch am 26. Dezember 2005 dauerte 24 Tage. Er gehört zum selben Typ wie die Vulkane auf Hawaii – er ist ein Hot-Spot-Vulkan.

Der Piton de la Fournaise

Der Mont Pelée auf der französischen Insel Martinique ist durch das Absinken der Atlantischen Platte unter die Karibische Platte entstanden.
Der Vulkan ist zurzeit nicht sehr aktiv, doch am 8. Mai 1902 wurde durch seinen Ausbruch die Stadt Saint-Pierre zerstört.

Der Mont Pelée

Die deutschen Vulkane

Auch in Deutschland sind viele Vulkane zu finden und aus geologischer Sicht gilt die Eifel immer noch als vulkanisch aktiv. Der größte Kratersee der Eifel ist der Laacher See. Der blubbernde Strom von Kohlendioxid, der aus dem Laacher See aufsteigt, ist vulkanisches Gas. Die Vulkane der Eifel ruhen nur. So wird es wohl auch in Zukunft vulkanische Aktivität in dieser Region geben. Deshalb beobachten die Vulkanologen die Gegend sehr genau.

Der Soufrière in Gouadeloupe ist das letzte Mal vor etwa 475 Jahren ausgebrochen. Die jüngsten Lavagesteine stammen aus dieser Zeit. Allerdings sind auf seinen Hängen mehrere Fumarolen aktiv.

ERSTE ANZEICHEN

Es gibt noch weitere Anzeichen für einen bevorstehenden Vulkanausbruch: Das aufsteigende Magma drückt an die Flanke des Vulkans und verursacht kleine Erdbeben. Auch die Flanke selbst verändert sich: Mit einem speziellen Gerät, einem sogenannten Inklinometer, können leichte Ausbeulungen gemessen werden.

Der Soufrière

Vulkanlandschaften

Vulkane gestalten die Landschaft durch beeindruckende Gebilde: glasklare Seen, Steinkuppeln oder Flechtwerke aus Lava und Gestein.

Die Vulkane der Auvergne entstanden vor 150 000 Jahren und sind in der Vergangenheit mehrmals ausgebrochen. Deshalb sind ihre Kuppeln abgeflacht und die Hänge nicht sehr steil.

Die sogenannten Feenkamine sind alles, was vom Vulkan in der türkischen Region Kappadokien übrig geblieben ist. Die Bereiche, die einst von Lava bedeckt waren, wurden mit der Zeit abgetragen, doch die härtesten Gesteinsschichten hielten der Witterung stand.

Der Ol Doinyo Lengai in Tansania ist der heilige Berg des Volkes der Massai. Seine Lava hat eine ganz besondere chemische Zusammensetzung, die es nirgendwo sonst auf der Erde gibt – sie besteht aus Karbonatiten. Kurz nach ihrem Austritt aus dem Vulkan hat diese Lava eine dunkle Farbe, doch bereits einige Minuten danach verfärbt sie sich beige, und nach einem Tag an der Luft ist sie weiß wie Schnee.

VERSCHIEDENE STOFFE

Die unterschiedlichen Vulkanlandschaften entstehen durch das Wasser, das Gas und die Beschaffenheit der Gesteine, die sich unter dem Vulkan befinden.
Ein Wassergehalt von nur 1,5% im Gestein genügt, und ein Vulkan stößt keine flüssige Lava aus, sondern versprüht explosionsartig ein Gemisch aus Lava und Gas.

Im Krater des Vulkans Maly Semiachik in der Region Kamchatka in Russland hat sich ein blaugrüner, unwirklich aussehender See gebildet. Dieser See enthält Schwefelsäure, die verhindert, dass Pflanzen auf dem Gipfel des Vulkans wachsen.

Manchmal bilden sich aus Basaltströmen gleichmäßig geformte Säulen, sogenannte Basaltsäulen. Die bekannteste Säulenlandschaft befindet sich in Nordirland. Der nach einer Legende benannte „Damm des Riesen" besteht aus etwa 40 000 Säulen.

Tropische Wirbelstürme

Heftige Winde, sintflutartige Regenfälle, Autos und Häuser, die innerhalb kürzester Zeit einfach weggeblasen werden, Tausende Menschen, die ihr Zuhause verlieren ... Diese Naturphänomene hinterlassen oftmals ein Bild der Zerstörung. Je nachdem, wo auf der Welt sie auftreten, heißen sie Hurrikan, Taifun oder Zyklon. Bei ihnen allen handelt es sich jedoch um ein und dasselbe – tropische Wirbelstürme.

Was sind tropische Wirbelstürme?

Spiralförmige Winde, die um eine Ruhezone herum alles auf ihrem Weg mitreißen … unmöglich, einen tropischen Wirbelsturm mit einem anderen Naturphänomen zu verwechseln.

Entfesselte Gewalt

Es ist vor allem die Gewalt der Winde, die zu Katastrophen führt. Die Winde des Hurrikans Gilbert, der 1988 Jamaika verwüstete, bliesen mit Stärken von bis zu 325 km/h – das ist so schnell wie ein ICE fahren kann.

Doch danach kommt noch der Regen hinzu. Der Wirbelsturm Hyacinthe flutete im Jahr 1980 die französische Insel La Réunion: In 10 Tagen fielen mehr als 6 m Regen! Straßen wurden weggerissen, ganze Berghänge rutschten ab und viele Tiere wurden einfach fortgespült.

Im Auge des Sturms

Die Winde, die innerhalb eines Wirbelsturms wüten, sind spiralförmig angeordnet. Das Zentrum des Wirbelsturms wird Auge genannt. Das Auge ist die Ruhezone des Wirbelsturms – die Luft sinkt hier langsam nach unten und es bläst kein Wind. Wenn das Auge eines Wirbelsturms gerade über ein Gebiet hinwegzieht, haben die Bewohner einige Stunden Verschnaufpause: Die Wolken am Himmel verschwinden, der Regen hört auf ... Doch dann kommt der Wind aus der anderen Richtung mit enormer Kraft zurück: Direkt um das Auge herum sind die Winde nämlich am stärksten. Je weiter sie vom Auge entfernt sind, umso schwächer werden sie.

Auf Satellitenaufnahmen der Erde sehen die tropischen Wirbelstürme aus wie Schlagsahne. Die spiralförmigen Winde drehen sich um das Auge im Zentrum des Wirbelsturms.

Ein tropischer Wirbelsturm in der Badewanne

Um zu verstehen, was ein tropischer Wirbelsturm ist, kann man einen Strudel in der Badewanne erzeugen. Man muss nur etwa 10 cm Wasser in die Wanne laufen lassen und dann den Abfluss öffnen. Jetzt schau dir die Bewegung des Wassers genau an. Rund um den Abfluss bildet sich eine Spirale. Während das Wasser im Abfluss verschwindet, gibt es einen Zeitpunkt, zu dem ein kleiner Kreis im Loch der Badewanne kein Wasser enthält. Es ist das ruhige Auge des Sturms. Du kannst auch sehen, dass das Wasser direkt um den Abfluss herum schneller abläuft und stärker strudelt, als das weiter entfernte. Genauso ist es mit den Winden in einem tropischen Wirbelsturm!

Das Auge des Sturms wird von einem kreisförmigen Ring von Winden mit höchster Windgeschwindigkeit umgeben. Diesen Ring nennt man Augenwand.

Die Luft wird ganz trüb, man kann kaum noch etwas sehen: Die Winde sind so stark, dass sie Staub und manchmal sogar Gegenstände mit sich reißen.

Wie entsteht ein tropischer Wirbelsturm?

Um die Entstehung eines tropischen Wirbelsturms zu verstehen, messen Wissenschaftler mit sehr leistungsfähigen Computern die Geschwindigkeit der Winde, die Temperatur und den Luftdruck entlang seines Wegs.

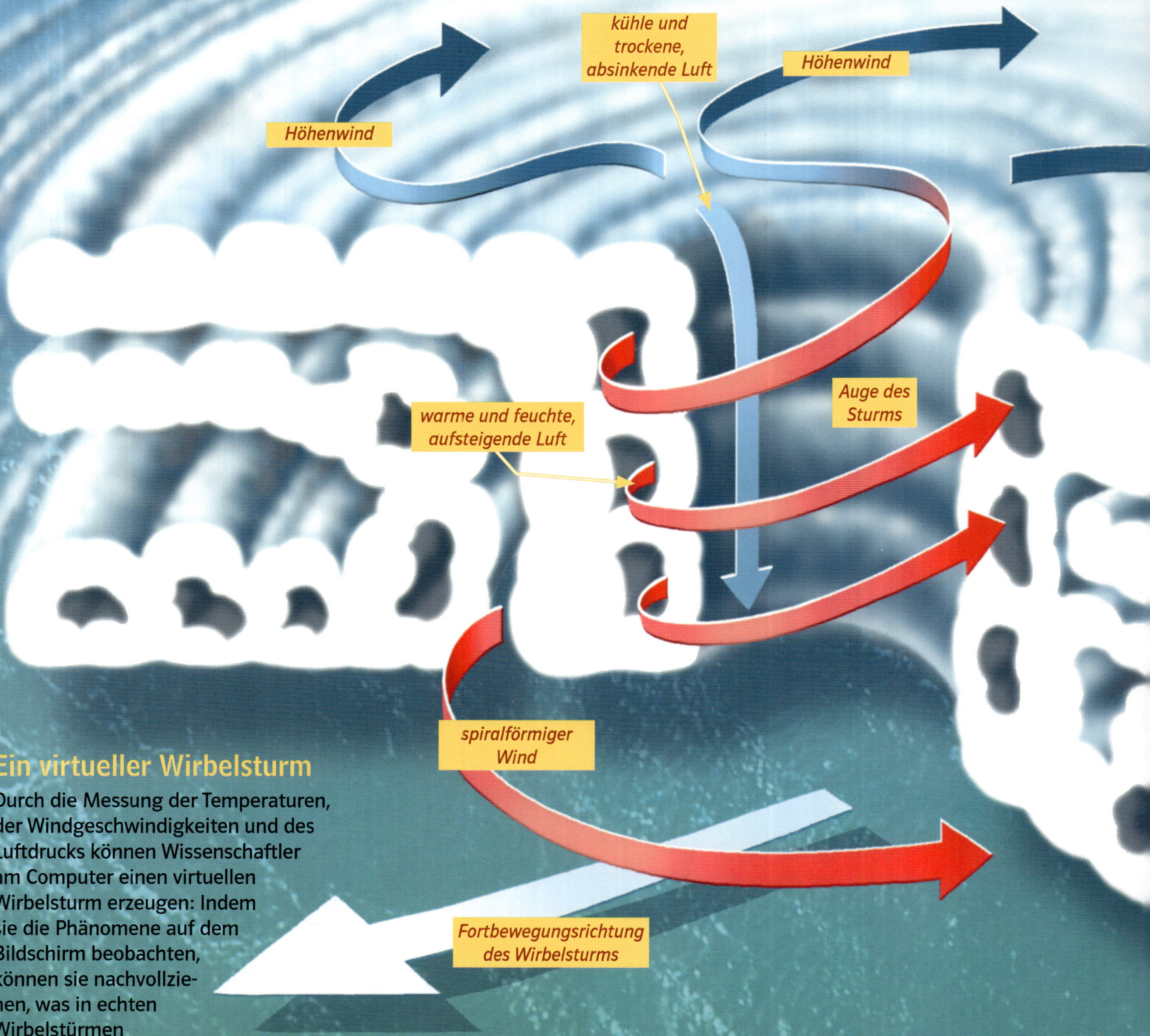

Ein virtueller Wirbelsturm

Durch die Messung der Temperaturen, der Windgeschwindigkeiten und des Luftdrucks können Wissenschaftler am Computer einen virtuellen Wirbelsturm erzeugen: Indem sie die Phänomene auf dem Bildschirm beobachten, können sie nachvollziehen, was in echten Wirbelstürmen geschieht.

Die Wärme des Ozeans

Damit ein tropischer Wirbelsturm entstehen kann, muss zunächst das Wasser des Ozeans warm genug sein – mindestens 27 °C bis in Tiefen von etwa 60 m. Dieses warme Wasser, das schnell verdunstet, findet man in den Tropen. Die feuchte Warmluft, die leichter ist als die kalte Luft, steigt nach oben bis in Höhen von etwa 10 bis 15 km. Dort bildet sie dann ein riesiges Wolkensystem. Jetzt müssen alle Winde zwischen der Meeresoberfläche und einer Höhe von 9 km noch in etwa die gleiche Stärke haben und in dieselbe Richtung wehen – dann entsteht ein tropischer Wirbelsturm.

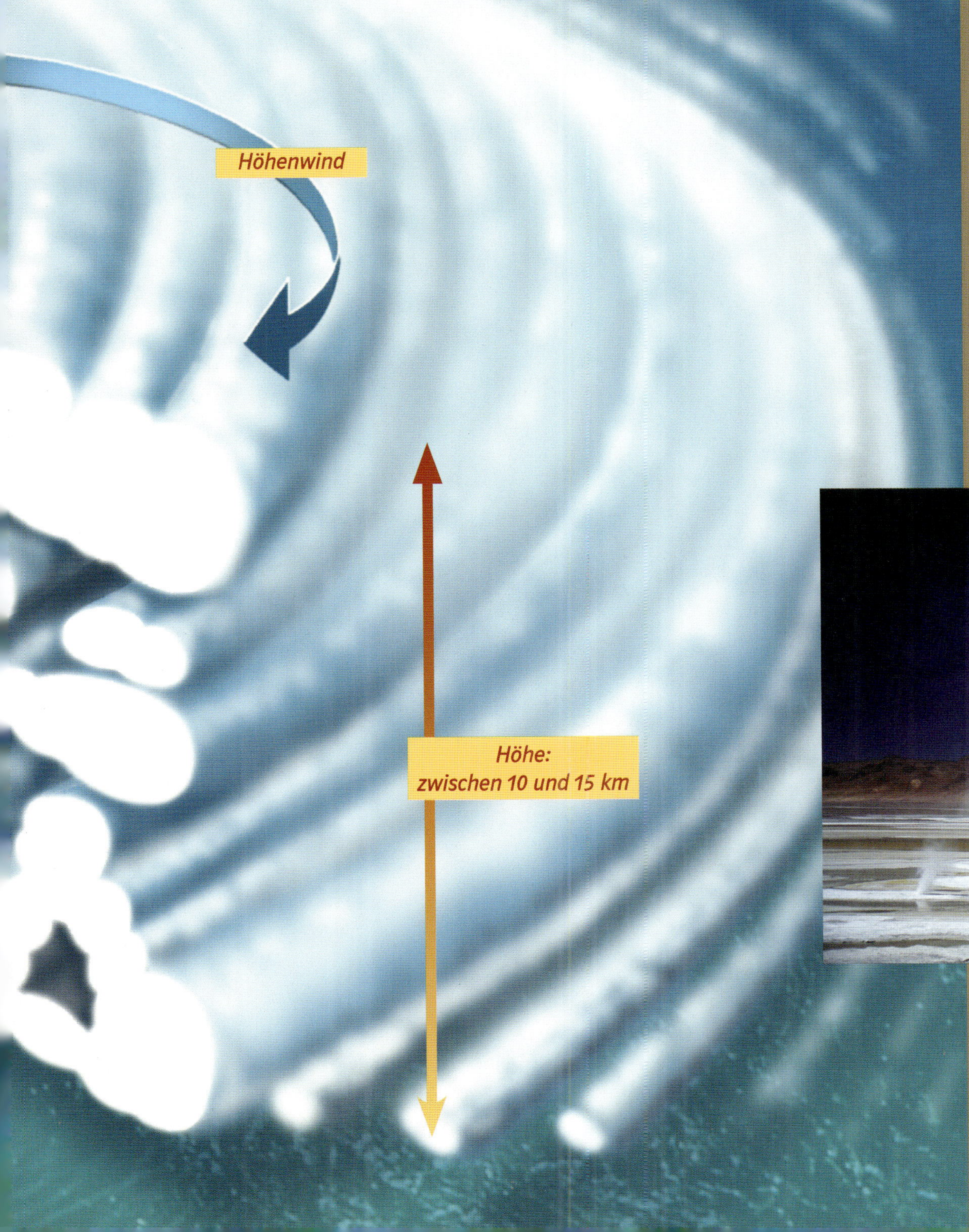

Entstehungsort

Auch wenn all diese Bedingungen für das Entstehen eines tropischen Wirbelsturms gegeben sind, kann er nicht überall entstehen: Das Wolkensystem muss mindestens 500 km vom Äquator entfernt sein. Denn die Kraft, die zur spiralförmigen Bewegung der Wirbelstürme führt, die sogenannte Corioliskraft, ist am Äquator zu schwach.

Die Corioliskraft ist benannt nach ihrem Entdecker, dem französischen Ingenieur Gustave Coriolis. Sie wirkt auf alle Körper, die sich auf einer rotierenden Fläche fortbewegen: Das ist wie mit einer Kugel, die auf einer sich drehenden Scheibe rollt. Wenn sich die Scheibe dreht, wird die Kugel seitlich abgelenkt – sie rollt nicht mehr gerade über die Scheibe, sondern kreisförmig. Auch die Erde dreht sich um sich selbst. Die Luftmassen drehen sich auf ihr so, wie sich die Kugel auf der Scheibe bewegt. Das Ergebnis ist ein Strudel, der sich auf der südlichen Halbkugel im Uhrzeigersinn dreht, und auf der Nordhalbkugel entgegen dem Uhrzeigersinn.

SANDSTÜRME

In sehr warmen Regionen können auch Sandstürme entstehen, wie hier in der Atacama-Wüste in Chile. Der Sand rollt sich zu einer Spirale, genauso wie die Luft in einem tropischen Wirbelsturm.

Wenn am helllichten Tag die Sonne verschwindet und der Himmel plötzlich orange wird, also die Farbe des Wüstensandes annimmt, kündigt sich ein Sandsturm an.
Sandstürme sind trockene, heiße Winde, die vor allem in Wüstenregionen entstehen, wie hier in Mali. Bei ihnen werden große Mengen Sand vom Boden aufgewirbelt, die der Sturm dann über weite Strecken mit sich führt. So kann Sand aus der Sahara teilweise bis nach Mitteleuropa gelangen!

Wie entwickeln sich tropische Wirbelstürme?

Manche sind anfangs klein und gewinnen auf ihrem Weg an Stärke.
Andere ändern ihre Richtung und werden noch heftiger.
Und schließlich kann es sein, dass sich die Riesen auf ihrem Weg wieder auflösen.

Hurrikan Ivan, ein Hurrikan der Kategorie 5, erreicht die Küsten Kubas im September 2004. Experten nutzen Satellitenbilder, um diese Monsterstürme zu überwachen.

Die Kraft eines tropischen Wirbelsturms

Wenn sich ein tropischer Wirbelsturm bildet, hat er zunächst einen Durchmesser von kaum 100 km. Auf seinem Weg erreicht er 300-600 km, in seltenen Fällen 1000 km (der Taifun Tip, der sich im Oktober 1979 im Nordwestpazifik gebildet hatte, erreichte einen Durchmesser von 2200 km). Durch die Drehbewegung entstehen heftige Winde, die auf das Zentrum des Sturms zulaufen; das Zentrum selbst, das sogenannte Auge des Wirbelsturms, ist eine Ruhezone mit einem Durchmesser von 3 bis 10 km, in der die trockene Luft absinkt.

Windgeschwindigkeiten

Gemäß der Weltwetter-Organisation unterscheidet man nach Geschwindigkeiten

- *unter 62 km/h*: Tropisches Tief
- *zwischen 62 und 117 km/h*: Tropischer Sturm
- *über 117 km/h*: Hurrikan

Hurrikans werden selbst noch einmal in 5 Kategorien eingeteilt, je nach Windgeschwindigkeiten und Luftdruck. Bei Hurrikans der Kategorie 5 haben die Winde Geschwindigkeiten von über 249 km/h.

Die Lebensdauer eines tropischen Wirbelsturms

Ein tropischer Wirbelsturm dauert meist etwa zehn Tage, denn wenn er über einem Kontinent oder einem etwas kälteren Meer ankommt, schwächt er sich ab.
Es gibt jedoch auch langlebigere Exemplare, die noch nicht in Vergessenheit geraten sind: Der Hurrikan Ginger 1979 im Atlantik hielt sich 28 Tage.
Die längsten tropischen Wirbelstürme sind jedoch nicht zwangsläufig die gefährlichsten. 1970 starben bei einem Taifun in Bangladesch innerhalb von zehn Tagen 300 000 Menschen ...

Wirbelstürme können auch in der Atmosphäre anderer Planeten des Sonnensystems entstehen. Auf der Oberfläche des großen Gasplaneten Jupiter gibt es seit 300 Jahren einen roten Fleck: Er ist ein Wirbelsturm.

UNTERSCHIEDLICHE NAMEN

Je nachdem, wo tropische Wirbelstürme entstehen, werden sie unterschiedlich bezeichnet: Im Nordatlantik, Nordostpazifik und in der Karibik als *Hurrikans*, im westlichen Pazifik als *Taifune* und im Golf von Bengalen als *Zyklone*.
Zudem erhält jeder tropische Wirbelsturm einen eigenen Namen:
Für Stürme im Atlantik werden diese Namen von der Weltorganisation für Meteorologie vergeben. Ab 1953 wurden nur Frauennamen benutzt, seit 1979 tragen die Wirbelstürme jedoch abwechselnd männliche und weibliche Vornamen.

Das zweite Leben des tropischen Wirbelsturms

Vor zehn Jahren noch dachten Experten, dass tropische Wirbelstürme entstehen, immer stärker werden, dann schwächer werden und sich auflösen. Nachdem sie die aufgezeichneten Daten und Satellitenbilder genauestens studiert haben, gehen sie jetzt seit einigen Jahren jedoch davon aus, dass manche Zyklone wieder an Stärke gewinnen können, nachdem sie sich bereits abgeschwächt haben ... was ihre Lebensdauer noch verlängern könnte.

Die heftigsten tropischen Wirbelstürme können Autos mehrere Dutzend Meter weit mit sich reißen.

Die Wege der tropischen Wirbelstürme

Tropische Wirbelstürme haben ihre bevorzugten Regionen: Manche Küsten werden mehrere Male jährlich getroffen, andere bleiben dagegen immer verschont.

Der Taifun Matsa fegte im August 2005 über die chinesischen Küsten hinweg. Bilanz: drei Tote und erhebliche Sachschäden.

Bekannte Wege

Sind tropische Wirbelstürme einmal entstanden, schlagen sie oft Wege ein, die den Meteorologen bekannt sind. Im Atlantik sind es die Passatwinde, Winde die von Ost nach West wehen, die die Stürme mit einer Geschwindigkeit von etwa 30 km/h vorantreiben. Dank Wettersatelliten können Experten den Weg der riesigen Wirbelstürme verfolgen.

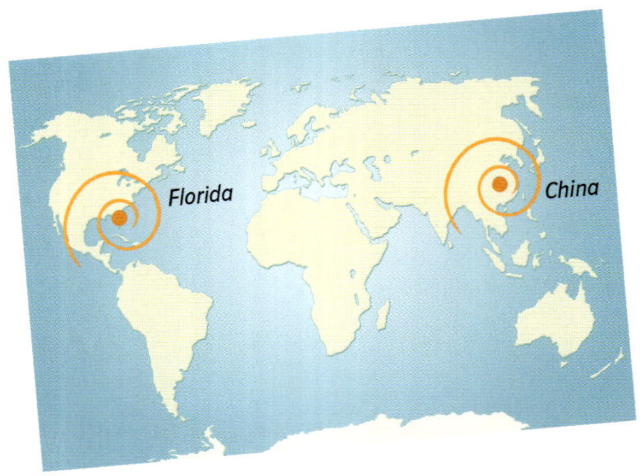

Die Stürme, die an den amerikanischen Küsten ankommen, sind im Ostatlantik entstanden, dort, wo das Wasser sehr warm ist. Der Nordwesten des Pazifischen Ozeans ist die aktivste Zone: Fast 35 % aller weltweiten Wirbelstürme entstehen in diesen Regionen und treffen dann die asiatischen Küsten.

Die zerstörte Stadt Punta Gorda in Florida nach dem Hurrikan Charlie 2004.

IM AUGE DER SATELLITEN

Etwa 36 000 km über unseren Köpfen überwachen ungefähr 20 Wettersatelliten ununterbrochen die Erde.
Sie stellen fest, wenn Wirbelstürme über warmen Gewässern entstehen und verfolgen ihren Weg.

Ein Richtungswechsel

Manchmal können Wirbelstürme ihren einmal eingeschlagenen Weg ändern. 1993 wurde der Weg des Hurrikans Emily zunächst sehr präzise vorhergesagt. Aufgrund der Beobachtungen, in denen das Fortschreiten des Auges Stunde um Stunde verfolgt wurde, sagten die Meteorologen dann aber voraus, dass der Hurrikan doch nicht über die amerikanischen Küsten hinwegziehen würde. Während er sich langsam Richtung Norden bewegte, verlor der Sturm an Stärke, weil das Wasser, über dem er sich bewegte, abgekühlt war.
Dank dieser geglückten Vorhersage mussten die Behörden die Bevölkerung nicht evakuieren und auch kein Geld für Schutzmaßnahmen ausgeben.

Dem Sturm auf der Spur

Heute lässt sich der Weg eines tropischen Wirbelsturms bereits 48 Stunden im Voraus für eine Strecke von etwa 400 Kilometern vorhersagen – das ist so weit wie von Köln nach Hamburg! Die Warnhinweise betreffen somit viele Menschen. Bei ihrer Evakuierung gibt es oft organisatorische Probleme, die von den Regierungen gelöst werden müssen. Leider verfügen arme Länder nicht über die gleichen Mittel wie reiche Länder.

Im Nationalen Hurrikan-Zentrum in Miami verfolgen Meteorologen das Fortschreiten von Hurrikan Katrina.

Kein sicherer Schutz

Meteorologen bemühen sich den Weg der Wirbelstürme vorherzusagen, um die Bevölkerungen zu warnen. Doch es kommt vor, dass ein Land trotz der Ankündigung eines Sturms komplett überflutet wird.

Ungleiche Möglichkeiten

Die mächtigsten Länder verfügen über Satellitenbilder, Experten, die den Weg eines tropischen Wirbelsturms vorhersagen können, aber auch über unterirdische Schutzräume und Möglichkeiten, um die Menschen schnell zu evakuieren. 1992 konnten durch die Vorhersage des Hurrikans Andrew 2,8 Millionen Menschen an den Küsten Floridas und dem Golf von Mexiko evakuiert werden.

Der Hurrikan, einer der stärksten des 20. Jahrhunderts in den USA, verursachte Schäden in Höhen von 25 Milliarden Dollar und forderte 20 Menschenleben. Zum Vergleich: Wenn solche Katastrophen über die Küsten Indiens oder Bangladeschs hereinbrechen, gibt es dort zehntausende Tote.

1977 kamen bei dem Zyklon Andhra 10 000 Menschen ums Leben. Der Wirbelsturm betraf fast 71 Millionen Menschen an der Südostküste Indiens. Doch das Land zog daraus eine Lehre: Besser vorbereitet, konnte es danach noch stärkeren Zyklonen trotzen, bei denen es weniger Tote gab.

Als der Sturm Lothar im Dezember 1999 über Frankreich hinwegfegte, verursachte er erhebliche Schäden: durchtrennte Stromleitungen, zerbrochene Fensterscheiben, zerstörte Dächer ... Wohnwagen und Zelte, wie dieses Zirkuszelt in der Pariser Region, hielten den gewaltigen Winden nicht lange Stand.

Von Hurrikan Katrina im August 2005 bereits schwer getroffen, wurde die Stadt New Orleans einen Monat später erneut überflutet – durch Hurrikan Rita stieg das Wasser wieder an.

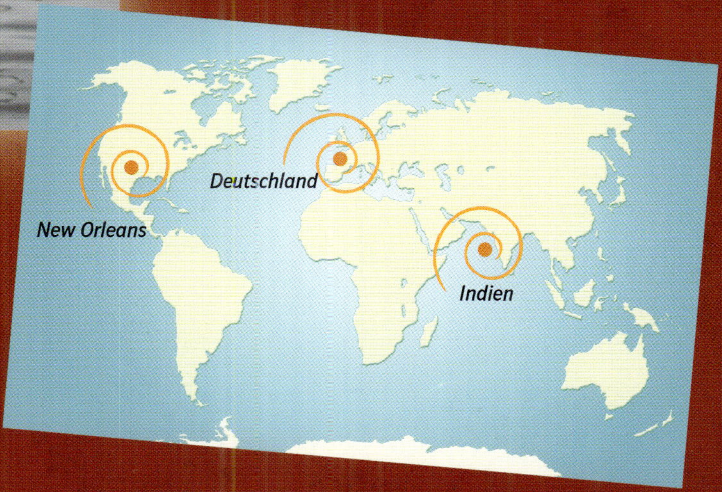

Ein gigantischer Sog

Wenn ein tropischer Wirbelsturm die Küstenregionen erreicht, führt das zu vielen Schäden.

Der Wirbelsturm ist ein Tiefdruckgebiet, das wie ein riesiger Staubsauger funktioniert: Da die Luft innerhalb des Sturms über dem Meer leichter ist, saugt sie das Wasser der Ozeane an, die manchmal um zehn Meter ansteigen. Wenn er die Küste erreicht, bringt der Sturm deshalb eine Wasserwand mit, die das Küstengebiet überflutet. Eine Katastrophe für ein Land wie Bangladesch, das regelmäßig von tropischen Wirbelstürmen heimgesucht wird, denn ein Großteil des Landes liegt niedriger als der Meeresspiegel.

Sturm in Deutschland

Am 26. Dezember 1999 zog über Frankreich und Deutschland ein tobender Sturm namens »Lothar«. Die hohen Windgeschwindigkeiten und die orkanartigen Böen von bis zu 150 km/h richteten aber auch in Österreich, der Schweiz und Tschechien schwere Schäden an. In einzelnen Gebieten in Deutschland und Frankreich kam es zu Stromausfällen. Vor allem in den Wäldern in vielen Teilen Süddeutschlands brachte Lothar zahlreiche Bäume zu Fall. Umgestürzte Bäume sorgten außerdem für Unterbrechungen im Schienen- und Straßenverkehr. Durch Lothar kamen ca. 60 Menschen ums Leben.

AUSSERGEWÖHNLICH!

Ein Sturm wie Lothar tritt nur sehr selten in Deutschland auf. Er hatte sich über dem Atlantik gebildet, sich dann den Küsten der Bretagne genähert und fegte schließlich über West- und Mitteleuropa hinweg. Normalerweise schwächen sich Wirbelstürme über dem Festland ab. Doch dieser traf auf ein sehr starkes Tiefdruckgebiet ... wodurch er an Stärke gewann.

GEWITTER: DONNER UND BLITZ

Wolkenbruchartige Regenfälle, schwarze, bedrohlich wirkende Wolken und ein stürmischer Wind. Gewitter können zu Überschwemmungen führen und zahlreiche Schäden verursachen. Außerdem sind sie immer mit elektrischen Ladungen verbunden: den Blitzen. Manchmal schlägt ein Blitz auf der Erde ein und trifft Bäume oder Häuser. Gut, wenn man dann einen Blitzableiter hat!

Wie entstehen Gewitter?

Eine kleine, harmlose Wolke verwandelt sich in einen riesigen, schwarzen Wolkenberg – ein Gewitter entsteht. Die Entstehung eines Gewitters ist ein komplexer Prozess, bei dem zahlreiche atmosphärische Phänomene zusammenspielen.

Warme, feuchte Luft

Eine Wolke bildet sich, wenn warme, feuchte Luft vom Erdboden nach oben steigt und dort auf trockene, kalte Luft stößt. Zwischen den warmen und kalten Luftmassen kommt es zu Bewegungen, es bilden sich winzige Tröpfchen und eine seltsame Wolke entsteht: Unten ist sie flach, während sich ihre Oberseite hoch auftürmt. Innerhalb von weniger als einer halben Stunde kann die Wolke eine Höhe von 15 km erreichen. Diese Wolkenform nennt man Kumulonimbus – sie ist charakteristisch für Gewitter.

Eine aufgetürmte Wolke mit einer Unterseite, die sehr klar abgegrenzt scheint; das ist die charakteristische Form von Gewitterwolken.

Diese feinen dünnen Wolken heißen Cirrus, oder auch „Federwolken“. Sie kündigen meist einen Wetterumschwung an.

Diese Kumuluswolken, auch als Haufen-, Quell- oder Schäfchenwolken bezeichnet, sind Schönwetterwolken.

An der Unterseite der Wolke sammeln sich winzige elektrische Ladungen, die mit den elektrischen Ladungen der Erde Strom erzeugen: Dieser elektrische Strom zwischen der Wolke und der Erde ist der Blitz.

IN EINER WOLKE

Der Aufbau einer Wolke ist viel komplizierter als man sich das vorstellt: Natürlich enthält sie viel Wasserdampf – aber auch Eiskristalle, Hagelkörner und Wassertropfen. Außerdem ist die Temperatur in der Wolke nicht überall gleich – dadurch entstehen Luftströme, die Wasser und Eis in Bewegung setzen. Die leichtesten Teilchen steigen nach oben, während die schwersten sich an der Unterseite der Wolke sammeln.
Die leichten Teilchen besitzen eine positive elektrische Ladung, die schwersten sind negativ geladen.
Im Innern der Wolke entstehen nun zwei Regionen: Der obere Teil, in dem sich die positiven Ladungen ansammeln, und die Unterseite, an der vor allem negative Ladungen sitzen.

Da ist der Blitz!

Wenn sich in einer Wolke die unterschiedlichen Ladungen immer weiter ansammeln, können zwei verschiedene Blitze entstehen: im Innern der Wolke zwischen der Ober- und der Unterseite und auch zwischen der Unterseite der Wolke und der Erde. Werden die Ladungsunterschiede innerhalb der Wolke sehr groß, entlädt sich ein Funke. Er bewegt sich schubweise vorwärts und braucht 1/100 Sekunde um die Erde zu erreichen. Experten nennen diesen Funken einen Leitblitz: Hinter ihm bildet sich ein elektrisch leitender Kanal, so als ob sich ein elektrisches Netz zwischen der Unterseite der Wolke und der Erde befinden würde. Der Blitz kann sich nun bis zur Erde hin ausbreiten: Er ist eine leuchtende Zickzacklinie, die sehr eindrucksvoll aussieht ... und gefährlich sein kann.

Stratuswolken mit grauer Unterseite, auch Schichtwolken genannt, können leichten Nieselregen bringen.

Die blau- oder graugestreiften Altostratus-Wolken kündigen Regen an.

Eine Gewitterwolke hat eine begrenzte Ausdehnung, zum Beispiel über einem sehr warmen Gebiet.

Ein gefährliches Schauspiel

In der Erdatmosphäre entstehen täglich etwa 50 000 Gewitter und in jeder Sekunde schlagen 100 Blitze auf der Erdoberfläche ein.

Gefahren durch Blitze

Um einen Blitz herum erreicht die Lufttemperatur etwa 30 000 Grad – das ist 5-mal so hoch wie die Temperatur, die auf der Oberfläche der Sonne herrscht! Der Blitz setzt eine gewaltige Energie frei: In einigen Hundertstelsekunden stößt er so viel Energie aus, wie 20 Atomkraftwerke in derselben Zeit erzeugen. Natürlich sind einige schon auf die Idee gekommen, diese verlorene Energie einzufangen und zu nutzen – doch bisher ist das noch nicht gelungen.

Ein Lichtblitz am Himmel gehört zu den spektakulärsten Phänomenen, die man von der Erde aus beobachten kann.

Das Schauspiel eines Blitzes über der Stadt ist faszinierend, aber harmlos: Die Gebäude sind in der Regel mit einem Blitzableiter ausgestattet, der den elektrischen Strom direkt in die Erde ableitet.

Aus den mit Wassertröpfchen gefüllten Gewitterwolken ergießen sich oft sintflutartige Regenfälle, manchmal über einem kleinen, sehr eingegrenzten Gebiet, wie hier in Arizona.

Trommelwirbel

Der Donner ist der Lärm, der im Zusammenhang mit Blitzen auftritt. Der Blitz erwärmt die Luft um sich herum urplötzlich auf einer Fläche von einigen Zentimetern. Durch die Erwärmung dehnt sich die Luft in diesem Bereich aus und drückt die umliegende Luft sehr schnell zusammen, genau wie bei einer Explosion. Der Donner ist dann das Geräusch, das durch diese plötzliche Luftausdehnung entsteht.

Gewitter hören

Dank des Donners kann man abschätzen, wie weit ein Gewitter entfernt ist. Da das Licht etwa eine Million Mal schneller ist als der Schall, hört man den Donner immer nach dem Blitz. Wenn man nun die Anzahl der Sekunden, die zwischen dem Auftreten des Blitzes und dem Donner vergehen, zählt und sie dann mit 300 multipliziert, erhält man die ungefähre Entfernung (in Metern), die uns von dem Gewitter trennt.

WAS PASSIERT, WENN EIN BAUM VOM BLITZ GETROFFEN WIRD?

Aufgrund der enormen Hitze des elektrischen Stroms verwandelt sich das im Holz enthaltene Wasser sofort in Dampf und der Baum zerberstet in tausend Stücke.

Wie verhalte ich mich bei Gewitter?

Schnell, mächtig und grell: Ein Blitz lässt einem kaum Zeit zu reagieren und sich zu schützen. Es gibt aber einige Sicherheitsregeln, an die man sich bei einem Gewitter halten kann.

Der Hochspannungsmast ist gegen die stromführenden Seile isoliert. Daher leitet er den Blitz direkt in die Erde ... ohne dass dieser an den Leitungen eine Überspannung erzeugt.

Schäden durch Blitze

Die Wahrscheinlichkeit, von einem Blitz getroffen zu werden, ist nicht sehr hoch. Trotzdem sterben in Deutschland jährlich etwa sieben Menschen durch einen Blitzschlag. Schlägt ein Blitz in einen Menschen ein, fließt ein Großteil des Stroms nicht durch den Körper, sondern außen über die Haut. Dennoch hat ein Blitzschlag oft schwere Auswirkungen, wie Atem- und Herzstillstand. Schlägt der Blitz im Haus oder in der Nähe ein, kann das teuer werden – der Schaden kann vom beschädigten Fernseher bis zum Brand des ganzen Hauses reichen.

Bei einem freistehenden Haus kann der Blitzableiter den Blitz gezielt in die Erde ableiten.

EINIGE SICHERHEITSREGELN

Wenn du bei Gewitter im Freien unterwegs bist, solltest du Folgendes tun, um dich zu schützen:

• such dir zuallererst einen Platz zum Unterstellen, wenn möglich ein Haus mit Stahlgerüst oder ein Dach aus Metall, bei dem alle Ecken die Erde berühren (denn der Strom fließt durch das Metall und von dort direkt in die Erde) oder auch ein Gebäude, das einen Blitzableiter hat

• wenn du in den Bergen unterwegs bist, flüchte dich in eine Felsspalte, unter einen Felsen oder in eine Höhle

• halte dich von freistehenden Bäumen fern und meide Waldgebiete

• wenn das Gewitter sehr heftig ist, setz dich in der Hocke auf den Boden

• halte mindestens 30 m Abstand zu Stacheldrahtzäunen, denn es besteht die Gefahr eines Stromschlags, selbst wenn der Blitz an einer 1 km entfernten Stelle in den Zaun eingeschlagen hat

• wenn du dich im Auto befindest, dürft ihr nicht neben einem großen Baum oder einem Stacheldrahtzaun parken

Wichtig:
• Schwimmer müssen bei Gewitter das Wasser verlassen

VORHERSAGE

Damit sich die Menschen in Sicherheit bringen können, ist es wichtig, Gewitter rechtzeitig vorherzusagen. Dafür ist in Deutschland in erster Linie der Deutsche Wetterdienst zuständig. Er überwacht das Wetter, das Klima und seine Veränderungen und warnt die Bevölkerung vor nahenden Unwettern. Das ist vor allem für die Schifffahrt und die Landwirtschaft von großer Bedeutung. In Deutschland hat der Wetterdienst außerdem die Aufgabe, Einschlagstellen von Blitzen zu überwachen.

Bei Gewitter darf man sich nicht unter einen freistehenden Baum stellen, in den der Blitz einschlagen kann.

Sichere Orte

Befindet man sich in einem geparkten Auto, ist man in Sicherheit: Die Metallkarosserie isoliert das Innere des Fahrzeugs und verhindert, dass elektrische Ladung eindringen kann. Ein Flugzeug hat dieselbe Schutzwirkung: Es kann zwar vom Blitz getroffen werden, doch die Passagiere sind geschützt, weil der elektrische Strom außen an der Metallstruktur entlangfließt, ohne nach innen zu dringen.

Fährt man gerade im Auto, wenn es anfängt zu blitzen, hält man am besten an und bleibt im Fahrzeug sitzen.

Im Sommer 2005 gab es wegen der großen Hitze viele Gewitter, wie hier über der französischen Stadt Nancy.

Der Mensch und das Klima

Sintflutartige Regenfälle, schmelzende Pole, wiederholt auftretende Stürme oder Trockenheiten, die zu Hungersnöten und Krankheiten führen:
Viele dieser Phänomene sind Ergebnisse der durch den Menschen herbeigeführten globalen Erwärmung. Können wir diese Entwicklung noch stoppen oder steuert unser Planet auf eine Katastrophe zu?

Der Treibhauseffekt

**Wenn nur die Sonne allein die Erde erwärmen würde, hätten wir auf der Oberfläche unseres Planeten eine durchschnittliche Temperatur von -18 °C.
Die tatsächliche, wärmere Durchschnittstemperatur von 15 °C verdanken wir dem Treibhauseffekt, einem vorteilhaften Phänomen, das heute jedoch zu Beunruhigung führt.**

Eine angenehme Wärme

Auf dem Mars erreichen die Temperaturen an den wärmsten Sommertagen gerade einmal 0 °C; auf der Venus herrscht dagegen eine unerträgliche Hitze mit einer durchschnittlichen Temperatur von 450 °C ... Im Vergleich dazu gleicht unsere Erde mit einer durchschnittlichen Temperatur von 15 °C einem Paradies. Der Grund dafür ist die Sonne, die uns mit ihren Strahlen wärmt. Aber nicht nur sie sorgt für die Temperaturen auf unserem Planeten. Der andere Verantwortliche für die natürliche Wärme ist der Treibhauseffekt.

Der Treibhauseffekt

Was ist nun dieser seltsame „Effekt", der für ein Ansteigen der Temperatur auf der Erde sorgt?
Die Erde ist von einer gasförmigen Hülle umgeben – der Atmosphäre. Wenn die Erde das wärmende Sonnenlicht empfängt, schickt sie einen Teil dieser Wärme zurück ins Weltall. Die in der Atmosphäre enthaltenen chemischen Substanzen, wie Kohlendioxid oder Methan, nehmen die von der Erde zurückgeschickte Wärme auf. Somit erwärmen sie die Atmosphäre, die die Erde wie eine wärmende Hülle umgibt. Dasselbe Prinzip lässt in einem Gewächshaus die Temperaturen ansteigen – deshalb die Bezeichnung »Treibhauseffekt«.

Die Erde empfängt ununterbrochen Sonnenlicht, und schickt es über die Atmosphäre zurück ins Weltall. Ein Teil bleibt jedoch in der Atmosphäre, die sich dadurch erwärmt und ihre Wärme an die Erde abgibt. Je mehr Treibhausgase in der Atmosphäre sind, desto mehr Wärme wird aufgenommen und umso wärmer wird es auf der Erde.

Die Atmosphäre ist für das Leben auf der Erde unerlässlich, vor allem wegen des Treibhauseffekts.

Die Erde erwärmt sich

Seit zwanzig Jahren sind die Klimatologen beunruhigt: Im 20. Jahrhundert hat sich die Menge der Treibhausgase in unserer Atmosphäre fast verdoppelt, während sie sich zuvor über Jahrhunderte hinweg nicht verändert hatte.

Wie konnten sich so große Mengen dieser Gase ansammeln?

Das 20. Jahrhundert ist das Jahrhundert der Industrie: Fabriken, Autos, Straßen- und Luftverkehr ... Alles, was Rohöl, Benzin oder Kohle verbraucht, stößt Treibhausgase aus. Deshalb erwärmt sich die Erde mittlerweile immer mehr. Experten gehen davon aus, dass die durchschnittliche Temperatur in den nächsten fünfzig Jahren um 3 bis 6 Grad steigen wird!

VIELE FAKTOREN

Die Erwärmung der Atmosphäre lässt sich schwer berechnen und vorhersehen. Aus diesem Grund können Experten auch keine exakten Werte, sondern nur eine Spanne angeben. Dabei müssen viele verschiedene Faktoren berücksichtigt werden: die Rolle der Ozeane, der Kontinente, der Wolken, der Wälder ...

Bei industriellen Vorgängen werden Gase wie Kohlendioxid und Methan ausgestoßen, die den Treibhauseffekt verstärken.

Die Ozeane nehmen die Wärme der Atmosphäre auf und verteilen sie. Auf diese Weise verringern sie den extremen Temperaturanstieg.

Die globale Erwärmung

Als globale Erwärmung bezeichnet man den allmählichen Anstieg der durchschnittlichen Luft-, Wasser- und Bodentemperaturen auf der Erde. Die durchschnittliche Temperatur der Erdoberfläche ist im vergangenen Jahrhundert um etwa 0,6 °C gestiegen. Weniger als ein Grad, das klingt nicht viel – aber es reicht, um das Klima durcheinanderzubringen. Experten fragen sich sogar, ob die Anzahl der klimabedingten Katastrophen nicht ansteigen wird.

Das Packeis wird dünner, reißt auf und treibt aufs Meer hinaus: An der Eisfläche der Arktis ist die Klimaveränderung als Erstes zu sehen.

Verändert sich das Klima?

Die geringe Veränderung der durchschnittlichen Erdtemperatur, die seit Beginn des 20. Jahrhunderts festgestellt wurde, hat bereits viele Auswirkungen: Zuerst nahm der ewige Schneemantel, der auch im Sommer nie abschmolz, um 10% ab. Dann erwärmten sich die Ozeane und das Wasser dehnte sich aus. Somit ist der durchschnittliche Meeresspiegel innerhalb eines Jahrhunderts um etwa 20 cm angestiegen. Das Packeis hat dadurch Risse bekommen und ist in Stücke zerbrochen, die nun mit den Meeresströmungen treiben.

Was sind die Folgen der Erwärmung?

Die durchschnittliche Temperatur der Ozeane ist gestiegen. Da Wirbelstürme über warmem Wasser entstehen, führt das dazu, dass im tropischen Ozean immer mehr Stürme entstehen. Die Wärme sorgt außerdem dafür, dass die Menge an Wasserdampf in der Atmosphäre ansteigt, wodurch in einigen Regionen die Bildung harmloser Wolken gefördert wird, an anderen Orten aber auch die Entstehung heftiger Wirbelstürme.

Im August 2005 starben durch den Hurrikan Katrina Tausende Menschen in Louisiana. Die Winde bliesen mit einer Geschwindigkeit von 280 km/h ...

Klimatologen sehen verstärkte Regenfälle in den Monsunregionen voraus, wie hier in Vietnam an einem Markttag.

Ist die Zahl der klimabedingten Katastrophen bereits gestiegen?

Der amerikanische Klimatologe Kerry Emmanuel vom Technologischen Institut Massachusetts in den USA hat Ende 2005 das Ergebnis seiner Arbeiten veröffentlicht: Er fand heraus, dass seit den 1970er Jahren die Anzahl und Stärke tropischer Wirbelstürme um 50% zugenommen hat. Die Geschwindigkeit der Winde, die bei Wirbelstürmen wüten, ist um 5% gestiegen.
Die Klimaerwärmung scheint zu einer Zunahme von Hurrikans zu führen.

Wegen der globalen Erwärmung bedroht das Ansteigen der Meeresspiegel die Küstenregionen. Die Länder, denen es möglich ist, treffen Vorkehrungen, wie hier in den Niederlanden, wo Deiche gebaut wurden. Doch die ärmsten Länder verfügen weder über die technischen Mittel noch über genug Geld, um sich zu schützen.

Auswirkungen der Erderwärmung

Die Erderwärmung hat erschreckende Konsequenzen: Tiere, Pflanzen und Menschen sind in ihren Lebensräumen akkut bedroht. Wenn sie überleben wollen, müssen sie sich anpassen, wodurch das Gleichgewicht der natürlichen Lebensräume tiefgreifend verändert wird.

Die globale Erwärmung bedroht in erster Linie die ärmsten Länder, die ohnehin schon unter Trockenheit leiden, wie hier in Mauretanien.

Bedrohung für den Menschen

Die Erwärmung und Anpassung der Ökosysteme an das neue Klima stellt eine Bedrohung für den Menschen dar: So treten in bestimmten Breiten Tierarten oder Krankheiten auf, die es dort bisher kaum gab. Termiten zum Beispiel wandern jedes Jahr weiter Richtung Norden. Auch die Moskitos vermehren sich und breiten sich Richtung Norden aus – natürlich mit den Krankheiten, die sie übertragen, wie zum Beispiel dem Westnilfieber. Der Virus, der dieses Fieber auslöst, kommt normalerweise in Uganda vor ... doch 1999 brach eine Westnilfieber-Epidemie in New York aus: Mehr als 4000 Personen waren mit dem Virus infiziert, 284 starben.

Eisbär

ZWEI EMPFINDLICHE REGIONEN

Auch wenn sich die durchschnittliche Temperatur auf der Erde nur um 0,6 °C erhöht hat, zeigen sich an den Polen bereits die ersten Anzeichen einer Veränderung. Die Pole reagieren mit ihrem extremen Klima am empfindlichsten auf jede kleine Temperaturveränderung. Es gibt jedoch einen Unterschied zwischen der Arktis im Norden, die aus gefrorenem Meerwasser besteht, und der Antarktis im Süden. Letztere ist ein Kontinent, der vom Ozean umgeben ist. Deshalb ist die Antarktis besser gegen Temperaturunterschiede geschützt.

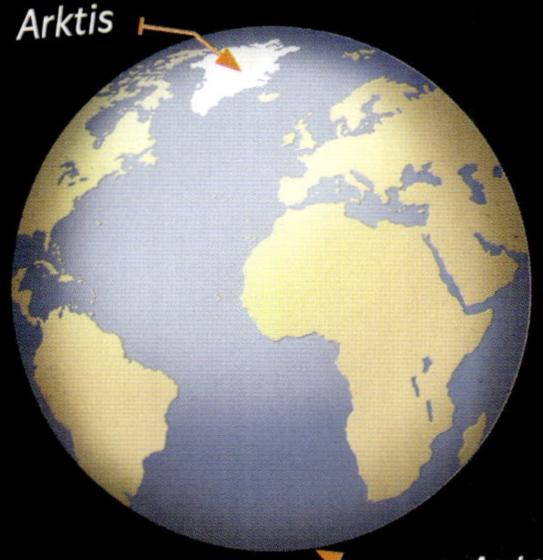

Die Polarregionen, und ganz besonders die Arktis, reagieren am empfindlichsten auf klimatische Veränderungen.

Die Arktis – Bedrohte Eisbären

Seit 1950 hat sich die Arktis um 3 °C erwärmt. Dadurch begann das Polareis zu schmelzen: Die durchschnittliche Packeisfläche ist in 30 Jahren um ca. 1 Million km² geschrumpft, das sind 8% der gesamten Eisfläche. Wenn das so weitergeht, schmilzt den Eisbären und anderen Tieren, die hier leben, buchstäblich der Boden unter den Füßen weg und sie ertrinken im Ozean. Die Abnahme der Packeisfläche hat außerdem die ganze Nahrungskette durcheinander gebracht: Es gibt immer weniger Algen und somit auch weniger Krustentiere, da diese sich von Algen ernähren. Damit schrumpft die Hauptnahrungsquelle der Fische, die selbst wiederum die Beute von Robben sind. Eisbären ernähren sich hauptsächlich von Robben – somit sind auch sie gefährdet.

Die Antarktis – Bedrohte Pinguine

Das Packeis der Antarktis ist notwendig für das Wachstum von Krill, kleinen Krebstieren, die die Hauptnahrungsquelle der Pinguine sind ...
Experten haben festgestellt, dass es seit dem Schmelzen der antarktischen Eisschicht immer weniger Krill und somit immer weniger Pinguine gibt.

Die Pinguine finden bei ihren Tauchgängen immer weniger Nahrung.

Lässt sich die globale Erwärmung aufhalten?

**Seit ungefähr einem Jahrhundert steigt die Temperatur auf der Erde an.
Nach Ansicht zahlreicher Experten sind wir Menschen dafür verantwortlich.
Eine wichtige Frage ist nun: Wird sie weiter ansteigen, selbst wenn wir unsere Lebensgewohnheiten ändern?**

Eine alarmierende Vorhersage

Obwohl Klimatologen für die nächsten fünfzig Jahre einen Temperaturanstieg von 3 bis 6 °C vorhersagen, werden weiterhin immer mehr Treibhausgase ausgestoßen.

Träumen wir mal ein bisschen:
Wenn man ab sofort den gesamten Ausstoß einstellen würde, könnte man den Temperaturanstieg dann noch stoppen?

Diese Frage beantworten die meisten Forscher mit »Nein«. Ernsthafte Bemühungen könnten aber eine Klimakatastrophe verhindern, wie zum Beispiel einen Temperaturanstieg von etwa zehn Grad, der zu einem Massensterben heute lebender Arten führen könnte ...

Eine weltweite Entscheidung

Was muss man tun, um diese Entwicklung umzukehren?
Alle Menschen zwingen, mit dem Fahrrad zu fahren?
Die Landwirtschaft auf abgeholzten Waldflächen stoppen?

Das wird sich zeigen. Eine Organisation, die über diese Frage nachdenkt, ist die Organisation der Vereinten Nationen, die UNO. Die UNO wurde 1945 gegründet und ist ein Zusammenschluss fast aller Länder dieser Erde. Regelmäßig versuchen die Vertreter all dieser Länder auf einer „Klimakonferenz" Lösungen für das Klimaproblem zu finden. Leider ist es sehr schwierig, für die verschiedenen Bedürfnisse der unterschiedlichen Länder einen Kompromiss zu finden.

Der Amazonaswald wurde lange Zeit als die »grüne Lunge« des Planeten betrachtet. Doch die Klimaerwärmung bringt immer weniger Regen. Wann wird der Amazonas ausgetrocknet sein und was passiert dann mit den Tieren und Pflanzen?

Durch die Nutzung von Windkraft, wie hier in Kalifornien, kann man Energie erzeugen ohne Treibhausgase freizusetzen.

Klimakonferenz

Die erste Klimakonferenz (auch Welt-Klimagipfel genannt) fand 1972 in Schweden statt. Doch der Gipfel von 1992 in Rio de Janeiro in Brasilien war, mit mehr als hundert teilnehmenden Ländern, bedeutender. Obwohl viele der dort besprochenen Maßnahmen bis heute nicht umgesetzt wurden, hatte der Gipfel von Rio ein wichtiges Ergebnis: Den Menschen wurde bewusst, dass die Erde ein empfindlicher Planet ist und dass ihr Gleichgewicht innerhalb von mehreren Jahrzehnten zerstört werden kann.

Schließlich wurden auf dem Gipfel von Kyoto im Jahr 1997 Ziele festgelegt, um den Ausstoß von Treibhausgasen zu begrenzen. Manche Industrieländer haben mittlerweile bereits einen hohen wirtschaftlichen Standard erreicht.

Andere sind jedoch noch dabei, sich zu entwickeln und müssen deshalb mit der Industrialisierung fortfahren, was zur Folge hat, dass noch mehr Treibhausgase ausgestoßen werden.

Durch Brandrodung von Waldflächen für die Landwirtschaft werden viele Treibhausgase freigesetzt.

Bedrohungen aus dem Weltall

Kann es Steine vom Himmel regnen? Lange Zeit hielt man dieses Phänomen für unmöglich. Doch bei genauerem Hinsehen entdeckt man auf der Erde Krater, die von Meteoriteneinschlägen stammen – ein Beweis dafür, dass manchmal riesige Steine aus dem Weltall auf die Erde prallen.

Steine, die vom Himmel regnen

Meteoriten sind Steine aus dem Weltall, die die Atmosphäre durchquert und die Erde erreicht haben. Untersuchungen dieser Steine liefern uns Informationen über den Ursprung und die Entstehung des Sonnensystems. Wenn allerdings einer dieser Gesteinsbrocken auf der Erde einschlägt, kann dies große Schäden verursachen.

Meteor Crater

Im US-Bundesstaat Arizona befindet sich der am besten erhaltene Meteoriteneinschlagskrater der Erde: ein Krater von 1 500 m Durchmesser und 200 m Tiefe, der von einem 50 m hohen Felsrand umgeben ist.
Geologen waren sich lange Zeit nicht sicher, ob dieser Krater aus einem Vulkan oder durch einen Meteoriteneinschlag entstanden ist. Erst Ende des 20. Jahrhunderts fand man kleine Stücke eines Eisenmeteorits, aus denen man schloss, dass hier vor 50 000 Jahren ein brennender Gesteinsbrocken von 45 m Durchmesser und einem Gewicht von 300 000 Tonnen eingeschlagen war.

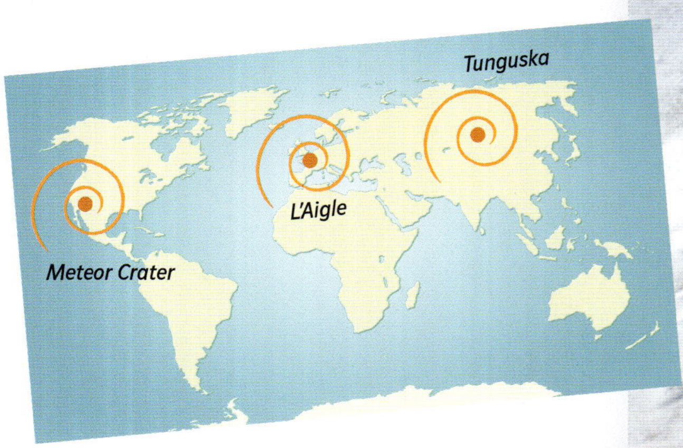

Seit dem Einsatz von Satelliten haben Wissenschaftler zahlreiche Krater von Meteoriteneinschlägen auf der Erdoberfläche entdeckt. Viele dieser Krater wurden jedoch im Laufe der Zeit abgetragen und sind nur noch schlecht zu erkennen. Der Meteor Crater in Arizona ist der weltweit am besten erhaltene Krater.

Wenn Steine vom Himmel fallen

„... die Luft war still, der Himmel war heiter, als man [...] einen Feuerball erblickte, der sehr hell leuchtete und sich mit hoher Geschwindigkeit durch die Atmosphäre bewegte." So beginnt der Bericht von Jean-Baptiste Biot, einem Astronomen und Mathematiker, über den Meteoriten, der am 26. April 1803 auf die Ortschaft L'Aigle in Frankreich fiel. Schon 1794 hatte der Physiker Ernst Chladni vermutet, dass Meteoriten außerirdischen Ursprungs sind, doch niemand hatte ihm geglaubt. Biot sammelte dutzende Augenzeugenberichte und vermerkte alle Bruchstücke des Meteoriten von L'Aigle in einer Karte (über 3 000 Stücke verteilt auf einer Fläche von 11 km^2). So konnte er beweisen, dass diese Steine tatsächlich vom Himmel gefallen waren.

In Sibirien wurde die Tundra nach und nach zerstört: Obwohl kein einziges Meteoritenstück gefunden wurde, glauben Geologen, dass ein Meteorit beim Eintreten in die Erdatmosphäre in mehrere Teile zerbrochen ist, die dann in dieser Gegend auf der Erde einschlugen.

Tunguska

Am 30. Juni 1908 war vom Westen Chinas bis nach Zentralrussland eine riesige Feuerkugel am Himmel zu sehen und dazu ein ohrenbetäubender Lärm zu hören. Es kam zu einer riesigen Explosion in Tunguska in Sibirien, die so laut war, dass man sie in einem Umkreis von 800 km hörte und die Menschen in der nächsten Umgebung taub wurden. 1921 fand eine Expedition die Spuren dieses Ereignisses: mehr als 1 000 km^2 zerstörte Waldfläche. Noch heute ist der Ursprung der Explosion ungeklärt – ein Meteoriteneinschlag ist aber sehr wahrscheinlich.

Das tragische Ende der Dinosaurier

Vor mehr als 65 Millionen Jahren lebten auf der Erde Reptilien, deren Körper von der Schnauze bis zur Schwanzspitze eine Länge von 40 Meter erreichen konnten. Andere dagegen waren nur wenige Zentimeter groß.
Manche von ihnen waren gefährliche Fleischfresser, aber viele ernährten sich ausschließlich von Pflanzen. Heute beweisen nur noch Fossilien, dass es einst Dinosaurier gab.

Knochen, die Legenden formen

Schon vor Jahrhunderten stießen die Menschen an den verschiedensten Orten der Erde immer wieder auf Dinosaurierknochen. Um die riesigen Skelette zu erklären, erfanden sie Legenden: Die Menschen in China sahen darin Knochen von Drachen, während die Menschen in Europa an Knochen von Riesen glaubten. Erst 1842 beschrieb der englische Paläontologe Richard Owen die Existenz dieser riesigen Tiere. Er war es auch, der den Namen Dinosaurier erfand, der ins Deutsche übersetzt „schreckliche Echse" bedeutet.

Ein plötzliches Verschwinden

Experten haben festgestellt, dass die Dinosaurier alle zeitgleich vor etwa 65 Millionen Jahren ausgestorben sind. Die fremdartigen Echsen verschwanden zusammen mit vielen anderen Tieren plötzlich von der Erde ... Was ist damals vor 65 Millionen Jahren passiert? Die Forscher wissen es auch heute noch immer nicht genau.

Der Meteorit von Chicxulub

Im Innern von 65 Millionen Jahre alten Erdschichten stießen Geologen auf eine feine, weißliche Schicht, die reich an Iridium ist, ein Metall, das auf der Erde nur selten vorkommt, aber häufig in Meteoriten gefunden wird. *Wurden die Dinosaurier durch einen riesigen Meteoriten ausgelöscht?* Experten haben die Folgen eines gewaltigen Einschlags studiert: Der durch die Erschütterung aufgewirbelte Staub würde für lange Zeit die Sonne verdecken. Die Folge wäre eine Art verlängerter Winter, der das Wachstum der Pflanzen verhindern würde. Sind die Dinosaurier also verhungert? Für diese Theorie spricht der ca. 170 km breite Chicxulub-Krater in Mexiko. Wissenschaftler glauben allerdings, dass ein Meteoriteneinschlag möglicherweise nicht die alleinige Ursache für das Massensterben war.

ÜBERMÄSSIGE VULKANAKTIVITÄT

Außer der Meteoriten-Theorie gibt es auch andere Vermutungen über das Aussterben der Dinosaurier:
Die Vulkanismustheorie geht von einem gewaltigen Vulkanausbruch im Süden Indiens in der Region Deccan aus, der 500 000 Jahre dauerte. Bei dieser gigantischen Eruption wäre eine große Menge giftiger Gase freigesetzt worden, die die Atmosphäre zerstört hätte.
Mit anderen Worten, die Dinosaurier wären erstickt ...

Interplanetare Feuerbälle

Meteoriten, die vom Himmel fallen, kommen aus Regionen, die hinter dem Planeten Mars liegen ... Was bringt sie dazu, diesen Ort zu verlassen und sich Richtung Erde zu bewegen?

Woher kommen die Meteoriten?

Meteoriten sind Himmelskörper, die auf die Erde gefallen sind. Sie kommen aus dem so genannten Asteroidengürtel im Weltall. Dieser „Gürtel" ist eine Ansammlung kleiner und größerer Steine, die zwischen Mars und Jupiter um die Sonne kreisen. Manche der Steine sind so groß wie ein kleiner Planet, andere bestehen lediglich aus kleinen Staubkörnern.

Was sind Asteroiden?

Asteroiden sind Himmelskörper, die sich im Asteroidengürtel befinden. Bruchstücke von Asteroiden, die sich im interplanetaren Raum bewegen, bezeichnet man als Meteoroiden. Wenn Asteroiden oder Meteoroiden als Gesteinsbrocken auf der Erde einschlagen, werden sie Meteoriten genannt.

Asteroiden ähneln den Planeten, sind jedoch kleiner und heißen deshalb auch Kleinplaneten. Sie bestehen hauptsächlich aus Gestein und verschiedenen Metallen. Als gefährlich gelten sie, wenn sie der Erde näher als 7,5 Millionen Kilometer kommen und größer als 150 Meter sind. Täglich gibt es Einschläge auf der Erde, allerdings ohne dass wir etwas davon mitbekommen. Denn die Brocken sind so klein, dass sie beim Eintritt in die Erdatmosphäre verglühen und nur als feines Pulver auf die Erde rieseln. Jedes Jahr gibt es aber auch 10.000 bis 50.000 kleinere Bruchstücke, die nicht verglühen und als Meteoriten zu Boden fallen.

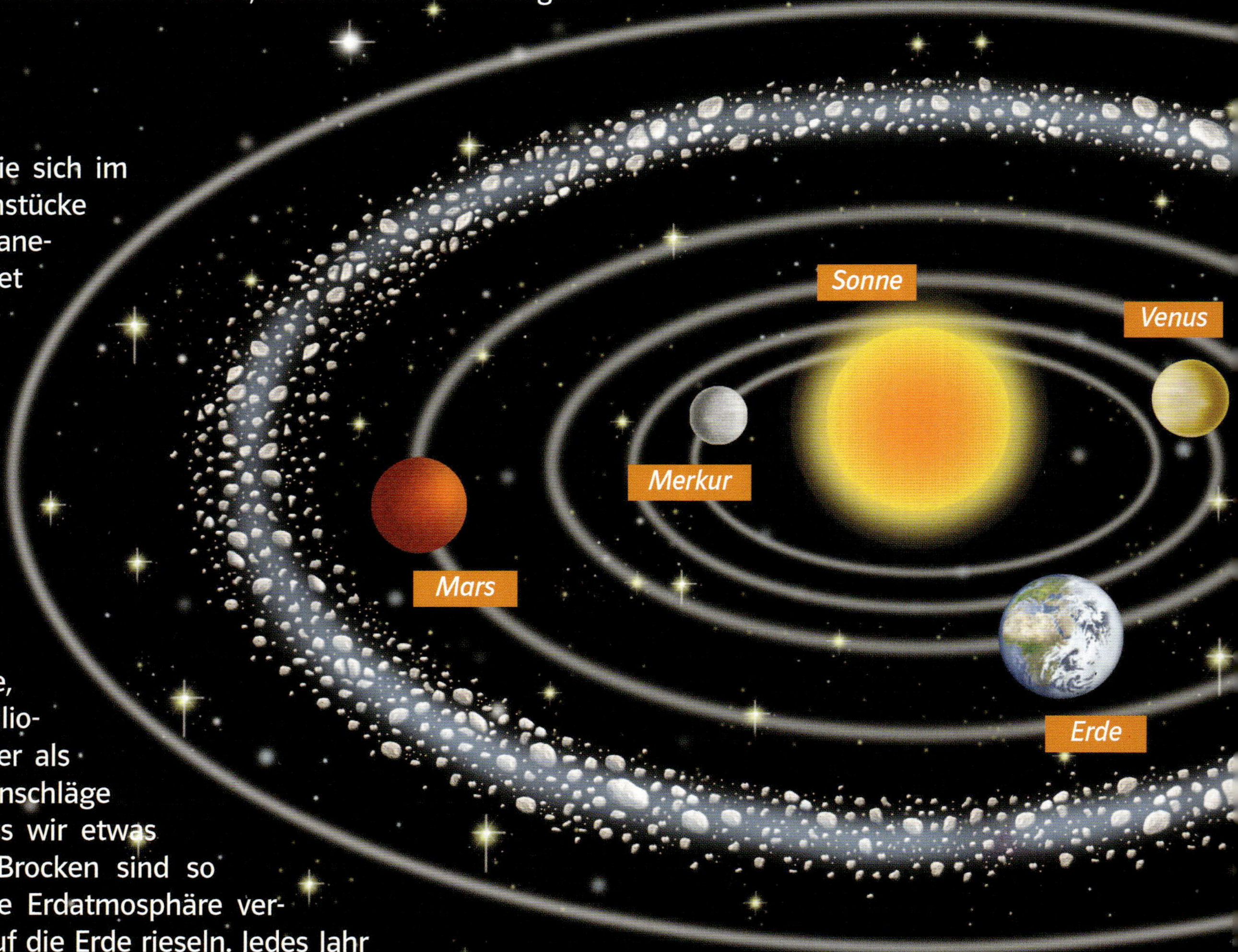

Die Reise der Asteroiden

Im Asteroidengürtel bewegen sich manche Objekte langsamer als andere. *Ergebnis*: Manchmal gibt es Kollisionen oder Steine, die aus ihrer Umlaufbahn fliegen. Sie verlassen dann den Asteroidengürtel und befinden sich im interplanetaren Raum. Jetzt werden sie von den größten Massen angezogen: von der Sonne oder von den großen Planeten ... glücklicherweise nur sehr selten von der Erde!

Ball, Kartoffel, Erdnuss: Asteroiden können ganz verschiedene Formen haben.

Die Lehre der Meteoriten

Wenn Meteoroiden in die Erdatmosphäre eindringen, entsteht Reibung, wodurch sie manchmal verglühen. Schlagen sie jedoch auf die Erdoberfläche ein, entsteht ein Krater.
Einerseits können Meteoriteneinschläge natürlich gefährlich werden, andererseits liefern sie uns wertvolle Informationen über die Geschichte unseres Sonnensystems. Die Meteoriten bestehen manchmal aus Gesteinen, manchmal aus Metallen. Sie sind Teil der ursprünglichen Masse, aus der die Planeten entstanden sind. Somit ist jeder Stein, der vom Himmel fällt, auch ein neuer Hinweis darauf, wie unsere Erde entstanden ist.

Der Asteroid Ida wurde mit dem Weltraumteleskop Hubble fotografiert. Auf seiner Oberfläche gibt es, wie auf vielen planetaren Oberflächen, Spuren von Einschlägen kleiner Objekte aus dem Asteroidengürtel.

DIE STEINE VOM MARS

Einige der Meteoriten, die auf der Erde gefunden wurden, stammen vom Mars. Sie sind Gesteinsbrocken, die vom Roten Planeten geschleudert wurden, nachdem dieser selbst von einem Meteoriten getroffen wurde.

FURCHTERREGENDE KRATER

Die Entdeckung verschiedener Meteoriteneinschlagskrater auf der Erdoberfläche hat die Menschen in Panik versetzt: Was, wenn eines Tages ein Meteorit auf der Erde einschlägt und die ganze Menschheit vernichtet?

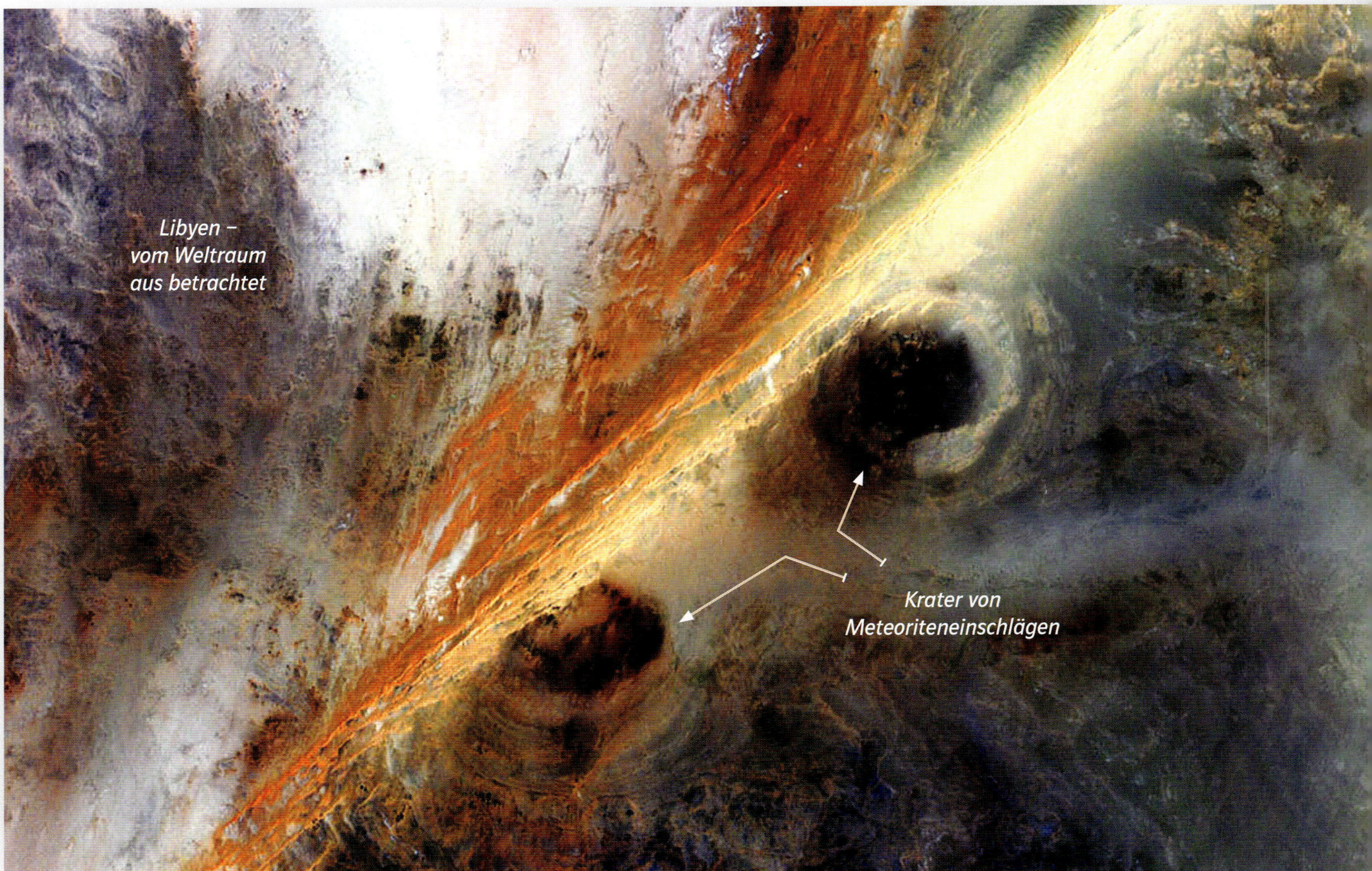

Ein Kraterfeld in der Libyschen Wüste: Diese Strukturen kann man auf der Erde direkt nicht sehen, da sie entweder abgetragen oder von der Vegetation überwuchert wurden.

Die Turiner-Skala

Seit 1999 beobachten Astronomen den Himmel mit riesigen Teleskopen, um alle Objekte ausfindig zu machen, deren Umlaufbahn sich eines Tages mit der der Erde kreuzen könnte: Solche Objekte werden „Erdkreuzer" genannt. Wissenschaftler können so die Wahrscheinlichkeit bestimmen, mit der diese Objekte die Erde treffen.
Die Internationale Astronomische Union hat dafür eine Skala von 0 bis 10 festgelegt. Ein Objekt, das Risikostufe 0 hat, ist zu klein, um bis zur Erdoberfläche zu gelangen. Seine Wahrscheinlichkeit, auf unseren Planeten zu treffen beträgt null. Risikostufe 9 erhält ein Objekt, das in der Lage wäre, einen Teil der Erdoberfläche zu zerstören und bei dem die Wahrscheinlichkeit einer Kollision alle 1 000 bis 100 000 Jahre besteht. Risikostufe 10 ist nur für Objekte vorgesehen, die in der Lage wären, auf der gesamten Erde eine Klimakatastrophe auszulösen, ein Ereignis, das in 100 000 Jahren einmal eintreten könnte. Der Einschlag eines Meteoriten in einer bewohnten Region, wie beim Tunguska-Ereignis 1908 in Sibirien, hätte katastrophale Folgen: Hätte die Turiner-Skala zu dieser Zeit bereits existiert, hätte der Meteorit ein Risiko der Stufe 8 dargestellt.

Das Teleskop auf dem Mount Palomar im US-Bundesstaat Kalifornien gehört zum Programm NEAT. Dieses Programm spürt Asteroide auf, die eines Tages mit der Erde kollidieren könnten.

Überwachungsnetz

Weltweit sind etwa hundert Astronome für die Untersuchung von Erdkreuzern verantwortlich: Das Überwachungsnetz LINEAR verwendet zwei Teleskope in Neu-Mexiko in den USA. Das Programm NEAT arbeitet von Hawaii aus und das Projekt Spacewatch von Arizona aus. In Europa sind mehrere Länder an dem Projekt Spaceguard beteiligt.

Dank dieser Überwachungsnetze sind heute etwa 500 Objekte bekannt, die größer als 1 km sind. Experten gehen jedoch davon aus, dass dies nur die Hälfte aller erdnahen Objekte dieser Größe ist.

Trotz der Bedrohung fangen die Menschen beim Anblick dieser vom Himmel fallenden Objekte meist zu träumen an. Im Sommer kann man am Nachthimmel manchmal Sternschnuppen sehen. Der Name ist jedoch irreführend, denn es handelt sich bei ihnen in Wirklichkeit nicht um Sterne, sondern um Gesteinsstücke, die die Umlaufbahn der Erde kreuzen und in der Atmosphäre verglühen.

WAS TUN, WENN EIN ERDKREUZER AUFTAUCHT?

Die für die Überwachungsnetze verantwortlichen Astronomen gehen davon aus, dass man den Zeitpunkt einer möglichen Kollision mit der Erde Jahre im Voraus vorhersagen kann. Die angestrebte Lösung sieht so aus, dass man ein solches Objekt ablenkt, indem man ein kleines Triebwerk, zum Beispiel einen Motor, auf dessen Oberfläche platziert, der es dann langsam aus seiner Umlaufbahn entfernt.

Naturkatastrophen auf der Erde werden oft mit Unglück und Zerstörung gleichgesetzt. Wir wissen jetzt, dass bei ihnen die innere Aktivität unseres Planeten zum Vorschein kommt. Die Erde ist aktiv, und wir, die auf ihrer Oberfläche leben, erhalten so den Beweis dafür!

Man kann sich fragen, ob die Hitze, die in den Tiefen der Erde herrscht, und die ihre Aktivität aufrechterhält, ewig besteht ... Auf diese Frage antworten Planetologen mit »Nein«. In der Tat kühlt sich das Innere unseres Planeten nach und nach ab. Dies wird eines Tages dazu führen, dass die Hitze nicht mehr ausreicht, um Bewegungen innerhalb des Erdmantels zu bewirken ... An diesem Tag werden Erdbeben und Vulkanausbrüche aufhören – aber auch der Erdmagnetismus, der dafür sorgt, dass energiegeladene und gefährliche Teilchen der Sonne abgelenkt werden. Das Leben, falls es zu dieser Zeit noch existiert, wird von der Oberfläche des Planeten verschwinden. Die entscheidende Frage ist nun: Wann wird die Erde so weit abgekühlt sein, dass sie erstarrt?

Die Antwort: In einigen Milliarden Jahren. Es lohnt sich also durchaus noch, unsere Erde zu schützen und das biologische Gleichgewicht zwischen Tieren, Pflanzen und Menschen zu bewahren!

INDEX

BILDNACHWEIS

© Agentur Rapho
BINZ/F. LANE: Titelfoto (u.r.), S. 76 (u.l.); J. WINDENBERGER: S. 90; M. YAMASHITA: S. 8 (o.l.), S. 10-11, S. 16 (o. und u.), S. 78 (u.); X. DESMIER: S. 9 (o.r.), S. 56-57; O. REBBOT: S. 13 (u.r.); J. BALOG: S. 15; RAPHO: S. 24-25; G. GERSTER: Titelfoto (Hintergrund), S. 36, 77 (o.r.), S. 97; J.-G. GOURSAT: S. 50-51 (Vorder- und Hintergrund); E. LUIDER: S. 52 (u.); J.-L. MANAUD: S. 59 (u.r.); F. ANCELLET: S. 92-93; H. SILVESTER: S. 93 (u.r.)

© Agentur Hoa-Qui
CRI NANCY LORRAINE/KRAFFT: Titelfoto (r.), S. 5, 8 (u.l.), S. 38-39, S. 42 (u.l.), S. 43 (r.), S. 46, S. 48 (u.), S. 49, S. 99 (Mitte r.); P. BOURSEILLER: S. 40, 41 (o. und u.), S. 47, S. 54-55 (o.), S. 55 (o.r.); IMAGESTATE: Foto der Rückseite (l.), S. 58-59 (Vorder- und Hintergrund), S. 84-85 (Vorder- und Hintergrund); R. LLEWELLYN/IMAGESTATE: S. 6-7, S. 9 (u.r.), S. 94-95, S. 104-105; PHOTO BANK YOKOHAMA: S. 8 (Mitte l.), S. 28-29; B. FISCHER/AGE FOTOSTOCK: S. 9 (Mitte u.r.), S. 82-83; B. DE BONI/IMAGESTATE: S. 17 (o.); B. BALAGUER/AGE FOTOSTOCK: S. 21 (o.); PHOTRI INC./AGE FOTOSTOCK: S. 21 (u.); M. YAMASHITA/TOP: S. 23 (r.); P. WALLICK/AGE FOTOSTOCK: S. 26-27; P. BODY: S. 27 (r.), S. 77 (u.r.); J. CHILDS/IMAGESTATE: S. 32 (o.); M. BALL/IMAGESTATE: S. 51 (u.); J. FUSTE RAGA/AGE FOTOSTOCK: S. 52 (o.); R. MATTES/EXPLORER: S. 53 (o.); F. THOMAS: S. 53 (Mitte); J.-M. LECERF: S. 53 (u.); J. DAMASE/EXPLORER: S. 54 (o.l.); G.V.P./AGE FOTOSTOCK: S. 54 (u.); J. BRUN/EXPLORER: S. 55 (u.); PISIT JIROPAS/IMAGESTATE: S. 59 (Mitte r.); B. VEYSSET/EXPLORER: S. 62-63; J. GREENBERG/AGE FOTOSTOCK: S. 67 (u.); J. & A. SCOTT/IMAGESTATE: S. 72 (o.); E. COLLACOTT/IMAGESTATE: S. 72 (u.l.); G. CHALMERS/IMAGESTATE: S. 72 (u.r.); K. BHATIA/AGE FOTOSTOCK: S. 73 (o.); P. CIESLA/AGE FOTOSTOCK: S. 73 (u.l.); AGE FOTOSTOCK: S. 73 (u.r.); S. TRAGARDH/IMAGESTATE: S. 74-75; T. WIEWANDT/IMAGESTATE: S. 76-77 (Vorder- und Hintergrund); M.-L. PELHO/AGE FOTOSTOCK: S. 78 (l.); M. HILLIG/AGE FOTOSTOCK: Titelfoto (Mitte), S. 79 (o.); V. DURRUTY: S. 79 (u.), S. 87 (r.); H. MASCOT: S. 85 (o.r.); J. TIETJE/PLAINPICTURE: Foto der Rückseite (Mitte), S. 85 (u.r.); J.-P. LESCOURRET/EXPLORER: S. 88-89; F. LATREILLE: S. 91 (o.); R. MATINA/AGE FOTOSTOCK: S. 93 (o.r.); F. GOHIER/EXPLORER: S. 96

© Agentur Gamma
XANTHOPOULOS DAIMON: S. 12; A724: S. 30, S. 103 (o.); HOSAKA NAOTO: S. 13 (o.r.); T. WHITE/FSP: S. 13 (Mitte r.); E. DE MALGLAIVE: S. 17 (u.r.); KURITA KAKU/BOYD-WADA: S. 22 (o.); J.-L. LUYSSEN: S. 22 (u.l.); HIRES CHIP: S. 23 (u.l.); DIGITALGLOBE: S. 31 (o. und u.), S. 34 (u.), S. 35 (u.); P. AVENTURIER: S. 32 (u.), S. 34-35 (o.); T.C. MALHOTRA/CAMERAPRESS: S. 34 (o.l.); JACOB KIRK/UPI: S. 35 (o.r.); TYLER J. CLEMENTS/UPI: S. 37 (o.l.); JANGWOOK KIM: S. 37 (o.r.); NOOA: S. 64; 8742/GAMMA US: S. 65 (u.); YANG LEI/PHOTOCOME: S. 66; TOM CURTIS/UPI: S. 67 (o.); A.J. SISCO/UPI: S. 68-69; ASAK SANTOSH: S. 68 (u.l.); FENWICK: S. 69 (o.r.); F. DEMANGE: S. 80-81; DARREN HAUCK: S. 87 (o.l.); SABREE HILL: S. 87 (u.l.); WALDEMAR PANOW: S. 101 (o.); RAVEN IMAGES: S. 101 (u.); LANDSAT: S. 102

© Agentur Jacana
J. CANCALOSI/NPL: S. 9 (Mitte o.r.), S. 70-71; N. LUCAS/NPL: S. 20; M. PITTS/NPL: S. 44-45; I. ARNDT/NPL: Foto der Rückseite (Hintergrund), S. 48 (o.); R. KLEVANSKY/NPL: Titelfoto (l.), S. 61; S. CORDIER: S. 86; F. POLKING: S. 91 (u.)

© Agentur Keystone
MARY EVANS PICTURE LIBRARY: S. 13 (o.l.), S. 103 (u.); J.-M. LABAT: S. 51 (o.)

© Nasa
NASA: S. 65 (o.)

© IStock
JAN RYSAVY: Titelfoto (o.l.)

Alle Illustrationen von Corine Delétraz,
außer S. 98-99: illustriert von Anne Eydoux

Farbenprächtig wie ein Regenbogen ...

Warum sind Marienkäfer rot und mit welchen Farben schmückt sich ein Chamäleon? Dieses unvergleichliche Buch zeigt die Natur in all ihrer Farbenvielfalt. Klar aufbereitete Informationen geben Einblicke in zahlreiche biologische Phänomene und liefern wissenschaftliche Erklärungen für den unglaublichen Farbenreichtum.

Schneeweiße Eisbären, bunte Papageien, tiefschwarze Panther und leuchtende Pilze ... atemberaubende Detailaufnahmen laden ein zum Entdecken, Bewundern und Staunen – ein wahrer Augenschmaus!

! Unvergleichliche Naturfotografien
! Farbwunder anschaulich erklärt
! Das ganz besondere Naturbuch

120 Seiten, mit Glossar
ISBN 978-3-480-22329-9